DIY CAMPING

25 Kreativanleitungen und
Rezepte für Outdoorfans

EMF

EIN BUCH DER
EDITION MICHAEL FISCHER

CAMPINGTRÄUME

Hand aufs Herz, wer träumt denn nicht davon, Abenteuer zu erleben und einfach draufloszufahren – raus ins Grüne? Unter freiem Himmel schlafen, Würstchen auf dem Grill brutzeln, Dosenbier mit dem Nachbarn teilen und das Mückenspray zu Hause vergessen. Sich selbst beweisen, dass man auch ganz ohne Luxus ein paar Tage „in der Wildnis“ überleben kann, und dabei auch noch tolle Erfahrungen sammelt.

Egal, ob mit den Kids in den Süden, mit der Clique aufs Festival oder mit dem Liebsten in die Wildnis: Immer mehr junge Leute und Familien entdecken den ehemals als spießig verrufenen Zeltplatz-Urlaub als neue, flexible Freizeitaktivität wieder. In einer Zeit, in der ein Pauschalurlaubs-Angebot das nächste jagt, scheint es besonders interessant, sich auf die einfachste aller Urlaubsformen zurückzubesinnen: Das Camping überzeugt mit all seiner Nähe zur Natur, den Abenteuern am Lagerfeuer und dem Anblick des Sternenhimmels und hat durch seine große Pannenanfälligkeit doch auch seinen ganz eigenen Charme.

Damit euer Campingausflug – egal ob kurz oder lang – zum echten Wohlfühltrip wird, gibt es in diesem Buch erprobte Tipps und Tricks zum Selbermachen: Anleitungen für eine Feuerholz-Tragetasche, das weltbeste Marshmallow-Keks-Rezept, eine Nähanleitung für eine gemütliche Hängematte, ein transportabler Dreibeinhocker und vieles, vieles mehr. Hier sind die hilfreichsten DIY-Ideen rund ums Campen versammelt! Damit ist auch die Antwort auf die, nach langem Ins-Feuer-Starren, allabendlich gestellte Frage gefunden: „Und was machen wir jetzt?“

Ganz einfach: nachmachen, selber machen, schöner machen!

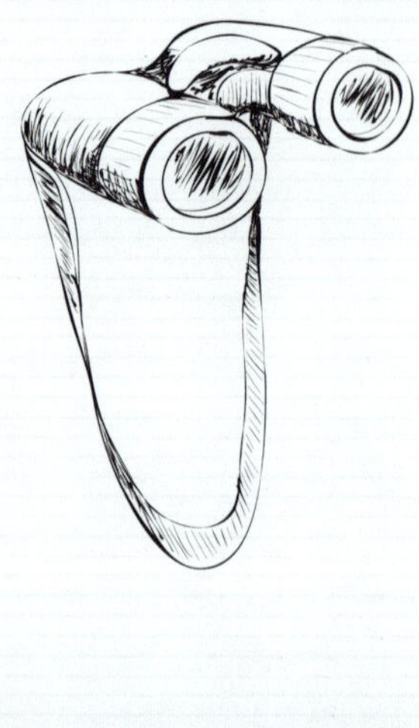

Ich wünsche viel Spaß dabei.

Eure Nähmarie

Maria

Mein Bulli und ich

Als ich im März 2005 günstig einen alten VW-Bus, Baujahr '87, erstand, wusste ich weder, wieviel Arbeit noch wie viel Geduld ich für dessen Erhalt in Zukunft aufbringen müsste. Mit Farbe, Spachtel, Nähmaschine und allerhand Werkzeug bewaffnet, nahm ich die Herausforderung an. Ich verwandelte den blauen Sechssitzer in ein fahrbares Eigenheim mit Klappbett, Gasherd, Kühlschrank und reichlich Stauraum, das an egal welchem Ort gemütliche Stunden garantiert.

2005 in Frankreich: die erste längere Tour, damals noch mit runden Scheinwerfern und blauer Lackierung

Unsere aktuelle Bilanz

41.765 Kilometer
10 Jahre
5 Länder
2 Reifenpannen
1 Motorschaden
Unzählige Festivals, Wochenendausflüge, Sonnenauf- und Sonnenuntergänge, Menschen und Orte, die uns ewig in Erinnerung bleiben

Und weitere Abenteuer warten überall!

2013 in Dänemark: inzwischen mit neuem Motor, Doppelscheinwerfern, komfortablerem Innenausbau und brauner Lackierung

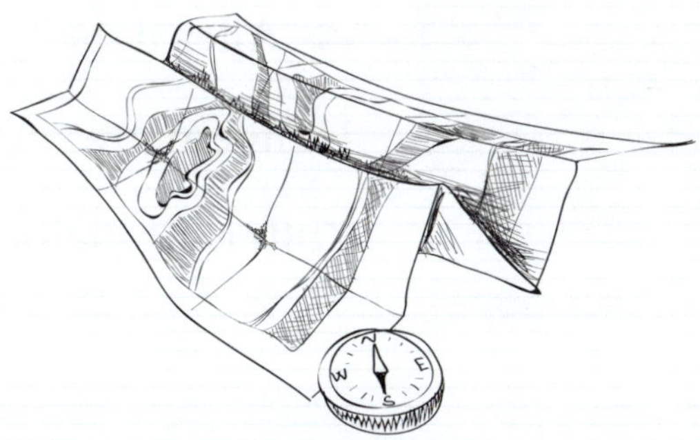

DIY
CAMPING
UTENSILIEN

REISEJOURNAL MIT LEDEREINBAND

Wer auf Reisen kein Detail vergessen will, benötigt unbedingt ein Tagebuch zum Festhalten von Erlebnissen, Skizzen und kleinen Fundstücken. Der Ledereinband ist robust gegenüber äußeren Einflüssen und zudem zusammenrollbar, er kann somit platzsparend im Gepäck untergebracht werden. Du kannst ihn ganz einfach mit einem Stempel und Lederfarbe verzieren.

TIPP:

Egal, ob Größe oder Inhalt – dein eigenes Buch kannst du ganz individuell deinen Bedürfnissen anpassen. Arbeite z. B. zwischen die leeren Seiten auch Teile von Landkarten oder Seiten aus einem Naturführer ein, die dir unterwegs nützlich sein könnten.

Material

- Leder, 60 × 20 cm, ca. 2 mm dick
- ca. 10 Blätter DIN-A4-Papier
- Baumwollgarn, 30 cm, Ø 1 mm

Werkzeug

- Schere
- Kugelschreiber
- altes Holzbrett
- Hammer & Nagel
- Nadel
- Cutter

So geht's

1 Vorlage von Seite 124 auf das Lederstück übertragen und Bucheinband ausschneiden. Aus dem Lederrest einen 60 cm langen und 0,5 cm breiten Riemen schneiden. Das Papier auf eine Größe von 14 × 21 cm zuschneiden.

2 Die kurzen Kanten der Buchseiten alle zusammen aufeinanderfalten, sodass die Blätter in der Mitte einen Falz bekommen.

3 Alle Seiten aufgeklappt übereinanderlegen, auf die oberste Seite werden nun die Markierungen der Vorlage übertragen. Mit Hammer und Nagel die Löcher für die Bindung durchschlagen. Das alte Holzbrett als Unterlage nutzen!

4 Dann die Löcher ebenso auf den Buchumschlag übertragen. Papier und Umschlag mit Nadel und Garn verbinden.

5 Die Verbindung am besten im Buchinneren beginnen. Die Garnenden abschließend miteinander verknoten.

6 Mit einem Cutter einen Schlitz für den Verschluss in den Buchumschlag schneiden. Lederband durchziehen und am Ende einen Knoten setzen. Zum Verschließen wird das Band mehrmals um den Umschlag gewickelt.

3

4

5

6

max. Größe/cm
langsam
schnell
Fuchs 5
Hund
vorn 5
hinten 4
5
vorn 6
hinten 5
vorn 6,5
hinten 7,5
Luchs 8
Hund
Wildkatze 4
Hauskatze 3
vorn 3
hinten 4
vorn 2,5
hinten 2
vorn 1
hinten 1,5
Haselh. 5
Fasan 7
Kolkrabe 7

TIPP:

Klebe einen kleinen Briefumschlag in das Buch und bewahre darin Fotoecken auf. So kannst du jederzeit Eintrittskarten, Fotos oder kleine Fundstücke festhalten.

1

2

3

FLANELLKISSEN

Mach's dir bequem! Dafür brauchst du unbedingt dekorative Kissen. Richtig lässig ist ein Kissen aus kuscheligem Flanell. Es fühlt sich fast so an, als würde man sich an die Brust eines echten Holzfällers schmiegen.

Material

- Flanellhemd mit Knopfleiste
- Futterkissen in Wunschgröße

Werkzeug

- Nähmaschine & Garn
- Stecknadeln
- Schere
- Schneiderkreide
- Maßband

So geht's

1 Das Futterkissen ausmessen und für die Nahtzugabe zu jeder Seite 2 cm dazugeben. Wenn das Kissen z. B. 40 × 40 cm misst, den Stoff auf 42 × 42 cm zuschneiden. Das Hemd zuknöpfen und glatt auf den Boden legen. Den Umriss des Kissens aufzeichnen. Vorder- und Rückseite des Kissens ausschneiden.

2 Beide Kissenhälften zusammenlegen, sodass die jeweils rechten Stoffseiten aufeinanderliegen. Rundherum feststecken. Alle vier Kanten zusammennähen und mit Zickzackstich versäubern.

3 Nun das Hemd aufknöpfen, wenden und das Futterkissen hineinstopfen. Fertig!

1

2

3

4

KISSEN MIT HOTELVERSCHLUSS

Noch leichter und genauso schnell wie das Flanellkissen ist das Kissen mit Hotelverschluss genäht. Verwende robustes Material, z. B. Reste von Möbelstoffen, Jeansstoff oder auch Segeltuch.

Material

- Stoff, 52 × 125 cm
- Futterkissen, 50 × 50 cm

Werkzeug

- Nähmaschine & Garn
- Schneiderkreide
- Schere
- Stecknadeln
- Bügeleisen

So geht's

1. Zuerst die beiden kurzen Kanten des Stoffs säumen: Die Kanten je zweimal 2 cm nach innen schlagen. Den Saum mit Stecknadeln fixieren und feststeppen.
2. Die gesäumten Enden des Stoffs wie abgebildet übereinanderlegen. Die „schöne" Seite des Stoffs liegt dabei innen.
3. Die offenen Kanten mit Stecknadeln fixieren. Dann alle vier Kanten mit 1 cm Nahtzugabe zusammennähen.
4. Nun den Kissenbezug durch den Hotelverschluss wenden. Den Kissenbezug, falls nötig, noch bügeln und dann das Futterkissen hineinstopfen.

Pilze

TIPP:

Auch zur Markierung von Abspannleinen lassen sich die Lederblätter gut gebrauchen. So wird der Stolpergefahr im Dunkeln vorgebeugt.

BLÄTTERGIRLANDE
AUS LEDERRESTEN

Lederreste in verschiedenen Herbstfarben bieten sich wunderbar an, um im Handumdrehen eine Girlande mit bunten Eichenblättern herzustellen. Diese macht sich perfekt im Campingmobil, am Eingang des Zelts und natürlich in der Tür eines gewissen heißgeliebten, tourenerprobten Bullis.

Material

- Lederreste in Herbstfarben
- Baumwollkordel

Werkzeug

- Schere
- Lochzange
- Kugelschreiber

So geht's

1. Schablone von Seite 124 ausschneiden und auf die linke Seite des Leders übertragen. Die Schablone so platzieren, dass die Umrisse des Eichenblatts platzsparend verteilt sind und möglichst wenig Abfall produzieren. Blätter ausschneiden.
2. Mit der Lochzange am Stielansatz der Blätter wie markiert jeweils ein kleines Loch stanzen.
3. Die Blätter für die Girlande mit ca. 10 cm Abstand auf die Schnur fädeln und jedes mit einem einfachen Knoten fixieren.

ERKENNUNGSFLAGGE

Nie wieder hilfloses Umherirren auf Zeltplätzen oder Festivals! Egal, ob du Freunde am Strand treffen möchtest oder auf einem Festival dein Zelt schon aus der Ferne erkennen willst – diese Flagge hilft dir dabei! Wähle dein Lieblingsmotiv oder ein Wappentier und lass deine Flagge im Wind flattern.

Material

- *Papier für Schnittmuster*
- *Baumwollstoff entsprechend der Flaggengröße*
- *Gel Medium (z. B. von Mod Podge oder Liquitex)*
- *gewünschtes Motiv als Laserdruck auf dünnem Papier: 1 × spiegelverkehrt, 1 × original (Buchstaben immer spiegelverkehrt)*

Werkzeug

- *Nähmaschine & Garn*
- *Schere*
- *Pinsel*
- *Schwamm*
- *wasserfeste Unterlage*
- *Schale mit etwas Wasser*
- *Stecknadeln*
- *Bügeleisen*

TIPP:

Wenn du an der Fahnenstange zusätzlich ein kleines Solar- oder Knicklicht befestigst, kannst du den Treffpunkt auch im Dunkeln gut erkennen.

So geht's

1 Stoff waschen und bügeln. Flaggenform im Stoffbruch auf ein großes Stück Papier zeichnen, 2 cm Nahtzugabe dazurechnen. Ausschneiden, auf den Stoff übertragen und Vorder- und Rückseite ausschneiden.

2 Wunschmotiv im Copyshop ausdrucken lassen und ausschneiden. Mit dem Pinsel eine Schicht Gel Medium direkt auf das Bild auftragen. Dann mit der beschichteten Seite nach unten auf dem Stoff auf der gewünschten Stelle platzieren. Gleichmäßig mit den Fingern andrücken, dabei Unebenheiten, Blasen oder Falten ausstreichen. Überschüssiges Gel, das an den Rändern austritt, mit dem trockenen Schwamm abnehmen. 24 Stunden trocknen lassen.

3 Nach der Trocknungszeit das Motiv mit einem Schwamm gründlich durchfeuchten und vorsichtig die obere Papierschicht abrubbeln. Dann den Stoff erneut gut trocknen lassen.

4 Falls die Flagge auf der Vorder- und Rückseite bedruckt sein soll, muss das Motiv zweimal aufgebracht werden. Dabei unbedingt die Ausrichtung der Flaggenteile beachten, damit die Teile später auch rechts auf rechts zusammengenäht werden können.

5 Aus dem restlichen Stoff zwei 2 cm breite Streifen mit je 50 cm Länge schneiden. Bei jedem Streifen die langen Kanten zur Mitte falten und glatt bügeln. Den Streifen zusammenklappen und die offene Kante zunähen.

6 Vor dem Festnähen werden die beiden Bänder zur Schlaufe gelegt. Die Flaggenteile rechts auf rechts aufeinanderlegen, feststecken und rundherum zusammennähen. Dabei die Bänder mit einfassen. An der geraden Kante eine kleine Wendeöffnung lassen.

7 Die Nahtzugaben besonders an den Kurven etwas einschneiden, denn so liegt der Stoff nach dem Wenden besser flach. Die Flagge kannst du an einem langen Ast, einem Bambusstab, einer aussortierten Fiberglas-Zeltstange oder am Auto festbinden. Sie kann kalt gewaschen werden und hält auch einen Regenschauer aus.

1

2

3

4

5

6

7

GÜRTELTASCHE

Eine Gürteltasche, in der die wichtigsten Sachen Platz finden, ist nicht nur auf dem Festival praktisch. Diese Gürteltasche hat sogar ein Geheimfach auf der Rückseite, damit dir die Dinge des täglichen Bedarfs nicht abhanden kommen können und du trotzdem immer beide Hände frei hast.

Werkzeug

- Nähmaschine & Garn
- Reißverschlussfuß
- Schere
- Stecknadeln
- Schneiderkreide
- Bügeleisen

Material

- fester Baumwollstoff für außen, ca. 40 × 140 cm
- leichter Baumwollstoff für innen, ca. 30 × 50 cm
- teilbarer Reißverschluss, 33 cm sowie 21 cm mit je 1 Zipper (Meterware)
- Steckschnalle, 25 mm
- Regulator, 25 mm
- 1 m Gurtband, 25 mm breit
- Vlieseline H250 zum Aufbügeln
- Schrägband, 1 m

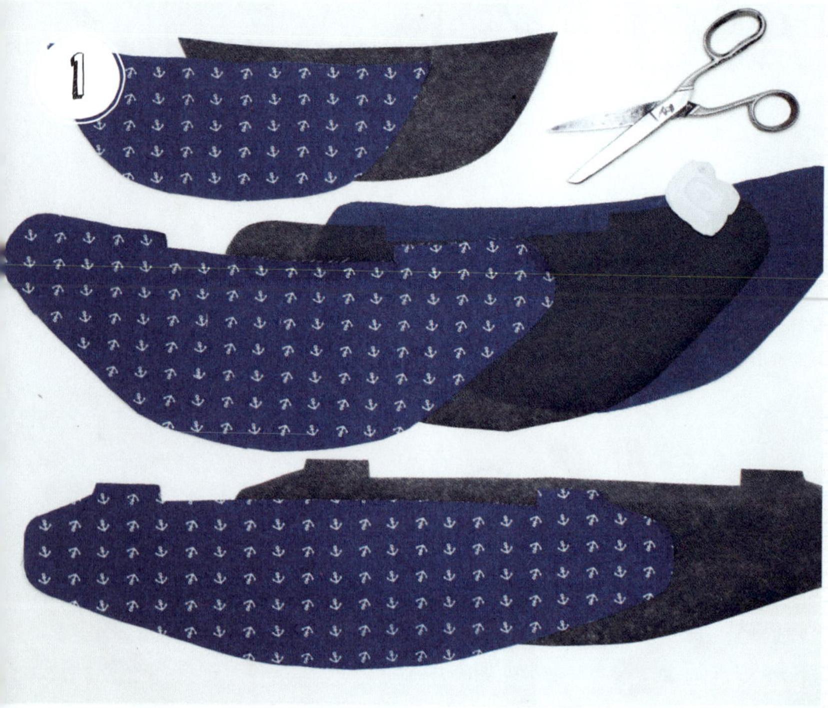
1

2

5

6

So geht's

1 Vorlagen von Seite 127 kopieren und nach Anweisung Vlieseline, Ober- sowie Futterstoff ausschneiden. Alle Teile sind im Stoffbruch abgebildet, die Nahtzugabe (beträgt 1 cm) ist bereits in den Schnittmustern enthalten.

2 Den Oberstoff auf der linken Stoffseite mit Vlieseline verstärken. Die Nahtzugaben für den Reißverschluss sowohl beim Vorderteil als auch beim Hinterteil nach innen bügeln und feststecken.

3 Reißverschluss in das Vorder- und Hinterteil nähen: Zipper etwas öffnen, Reißverschluss von innen feststecken und entlang der Stoffkante festnähen. Dazu den Reißverschlussfuß benutzen.

4 Das hintere Taschenteil und den Futterstoff für das Geheimfach links auf links aufeinanderlegen, rundherum knapp neben der Schnittkante zusammennähen.

5 Jetzt kommt die kniffligste Naht, denn es werden Ober- und Vorderteil zusammengenäht: Die runde Kante des Oberteils auf die Reißverschlusskante des Vorderteils stecken. In der Mitte beginnen und dann nach außen arbeiten, anschließend langsam die Rundung nähen. Das Taschenteil umdrehen, prüfen, ob der Reißverschluss sauber eingenäht wurde, und, falls nötig, nachbessern.

6 Nun die offene Saumzugabe im Tascheninneren mit Schrägband einfassen.

So geht's

7 Gurtband in ein 15 cm und ein 85 cm langes Stück teilen. Das kurze Stück auf die halbe Steckschnalle schieben, zur Schlaufe legen und wie abgebildet auf dem Hinterteil fixieren. Das lange Stück auf der anderen Seite fixieren. Wichtig: Vom Gurtband müssen unbedingt je 4 cm Nahtzugabe überstehen.

8 Das Vorderteil mit dem Oberteil auf das Hinterteil legen und feststecken, lose Gurtenden nach innen legen und den Reißverschluss zum Wenden etwas öffnen. Rundherum nähen, Gurtbänder durch Vor- und Rückstich sichern.

9 Die Nahtzugabe gleichmäßig auf ca. 1 cm zurückschneiden. Doch Vorsicht, das Gurtband dabei nicht kürzen! Obere und untere Nahtzugabe mit Schrägband versäubern. Tasche durch den Reißverschluss wenden.

10 Steckschnalle und Regulator auf das lange Gurtband fädeln und festnähen: Dazu zuerst den Regulator auf das Gurtband schieben und bis zur Mitte des Bands ziehen. Darauf achten, dass der Gurt nicht verdreht ist. Jetzt den Gurt von unten nach oben durch die Steckschnalle fädeln und anschließend zurück durch den Mittelsteg des Regulators. Das Ende des Gurtbands schaut nun ca. 6 cm aus dem Regulator heraus. Die offene Kante 1 cm nach innen klappen und mit dem gegenüberliegenden Gurtband des Mittelsteges zusammennähen.

11 Zum Schluss noch Gurtbänder und Tasche mit einer Sicherheitsnaht fixieren: In den äußeren Taschenecken sorgt eine Naht in Form eines Quadrats mit einem Kreuz in der Mitte für bessere Stabilität.

7

8

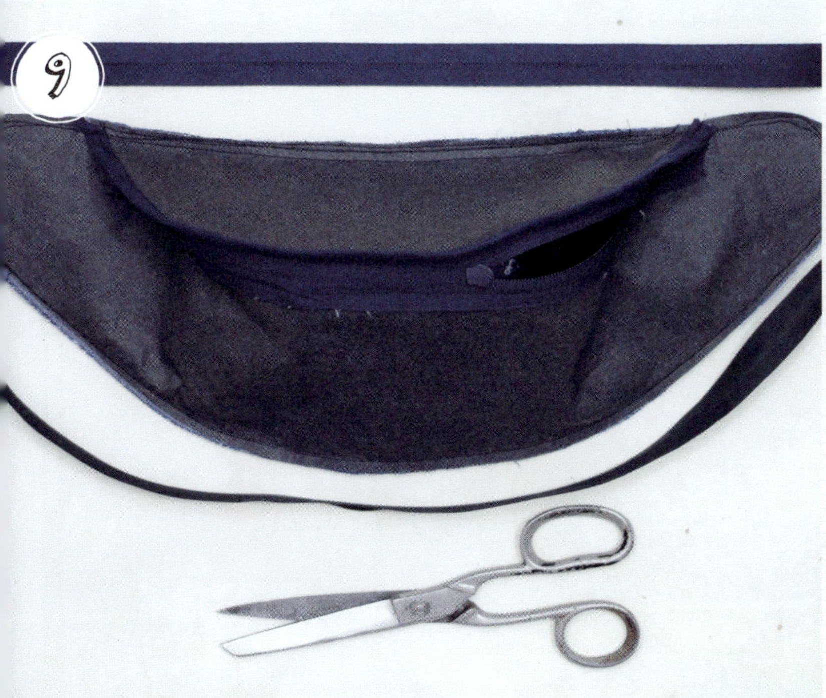
9

10

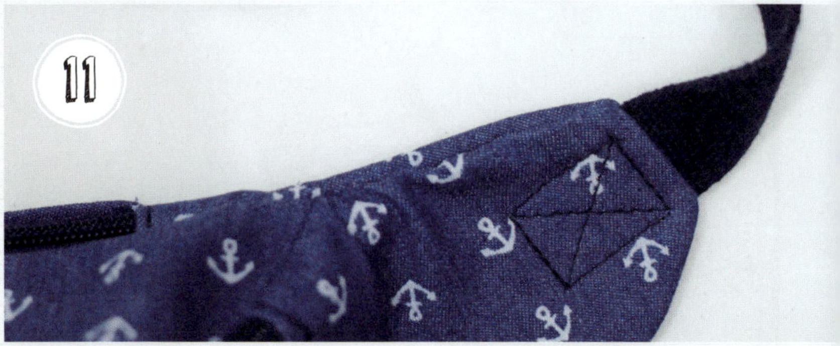
11

KÜHL-FLASCHENTASCHE

Extrem praktisch, z. B. für Festivals, und viel schöner als die eilig selbst gemachte Panzertape-Konstruktion: Mit einer Flaschentasche hast du dein Getränk immer bei dir und trotzdem die Hände zum Tanzen oder Klatschen frei. Eine Isolierfolie hält den Inhalt möglichst lange kühl und eine lange Trageschlaufe macht die Tasche bei jedem Ausflug zu einem nützlichen Begleiter.

Material

- fester Oberstoff (z. B. Baumwolle, Canvas, Leinen), 25 × 50 cm
- leichter Futterstoff, 25 × 50 cm
- Isolierfolie (z. B. von einer alten Kühltasche), 25 × 40 cm
- schmaler Lederriemen oder alter Gürtel, 80 cm

Werkzeug

- Nähmaschine & Garn
- Lineal
- Schere
- Bügeleisen
- Stecknadeln

1

2

6

7

So geht's

1 Aus dem Ober- und Futterstoff jeweils ein Rechteck mit 23 × 28 cm zuschneiden. Zusätzlich einen Kreis nach der Vorlage von Seite 126 zuschneiden. Aus der Isolierfolie ein Rechteck mit 21 × 26 cm sowie einen Kreis, ca. 1 cm kleiner als die Vorlage zuschneiden.

2 Ober- und Futterstoff rechts auf rechts legen und an einer langen Kante zusammennähen. Beide Teile aufklappen und die Nahtkante glatt bügeln.

3 Die Längskanten des Taschenkörpers zusammenklappen, die rechte Stoffseite liegt dabei innen. Feststecken und nähen.

4 Den Futterstoff in den Oberstoff stecken. Die rechten Seiten zeigen dabei jeweils nach außen. Die Isolierfolie zwischen Ober- und Futterstoff hineinschieben. Die untere Kante des Taschenkörpers zunähen und die Kante mit einem Zickzackstich gegen das Ausfransen sichern.

5 Stoffkreise aufeinanderlegen: Futterstoff (linke Seite oben), Isolierfolie, Oberstoff (rechte Seite oben). Zusammennähen und mit Zickzackstich versäubern.

6 Taschenkörper wenden, sodass der Futterstoff nach außen zeigt. Stoffkreis am unteren Taschenrand feststecken, der Futterstoff zeigt nach außen. Boden und unteren Taschenrand zusammennähen.

7 Tasche wenden. Lederriemen am oberen Rand annähen.

ORGANIZER
ZUM HÄNGEN UND TRAGEN

Für Kosmetik, Kochzubehör oder Kinderspielzeug – tragbare Organizer sorgen für mehr Ordnung auf kleinstem Raum. Die zahlreichen Taschen nehmen einiges auf, zudem gibt es eine Abrollvorrichtung für Küchen- oder Toilettenpapier. Fertige diese Tasche aus robustem Markisenstoff, textilem Wachstuch oder Zeltstoff an – so bleibt sie schmutzunempfindlich und ist leicht zu reinigen.

Werkzeug

- Nähmaschine & Garn
- Schneiderkreide
- Druckknopf-Werkzeug
- Lineal / Maßband
- Bügeleisen
- Schere
- Stecknadeln

Material

- robuster Stoff für außen, 65 × 110 cm
- robuster Stoff für innen, 55 × 100 cm
- Stoff für die Taschen, 70 × 100 cm
- Vlieseline zum Einbügeln (z. B. Decovil I light), 55 × 100 cm
- dehnbares Schrägband, 3 m
- Gurtband, 3 m, 25 mm breit
- Druckknopf
- Reißverschluss, teilbar, 60 cm
- 6 D-Ringe, 25 mm breit

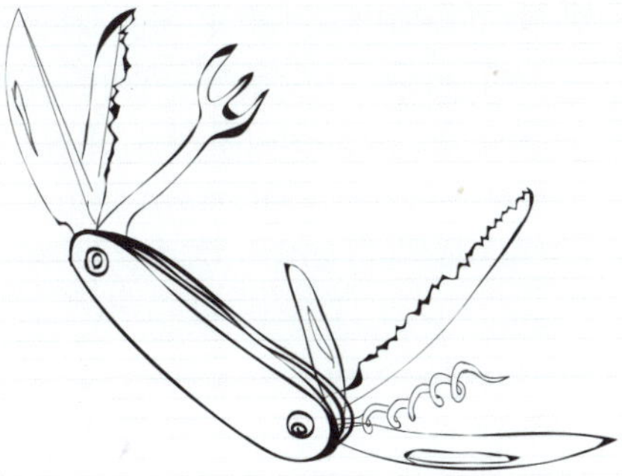

So geht's

1 Die Rückseite des Innenstoffs mit Vlieseline verstärken. Auf die Vorderseite mit Schneiderkreide und Lineal folgende Markierungen aufbringen: einen durchgehenden Strich bei 20, 40, 70 und 90 cm von oben gemessen ziehen.

2 Für die erste, oberste Tasche 15 × 100 cm Taschenstoff zuschneiden. Eine lange Seite des Stoffs mit Zickzackstich versäubern und anschließend auf eine Länge von 55 cm in regelmäßige Falten legen. Alles feststecken und knapp entlang der Kante zusammennähen.

3 Die gegenüberliegende lange Seite mit dehnbarem Schrägband einfassen. Dazu 55 cm Schrägband abschneiden und beim Festnähen auf eine Länge von 100 cm dehnen.

4 Den Stoffstreifen mit der gezackelten Stoffkante an den ersten Stich anlegen. Die rechte Seite zeigt dabei zum Innenstoff, also nach unten. Die gezackelte Längskante auf dem Innenstoff festnähen und den Stoffstreifen nach oben klappen. Rechte und linke Stoffseite bündig an der Außenkante festnähen. Alle 9 cm kleine Trennfächer absteppen, indem eine senkrechte Naht gesetzt wird. Es ergeben sich 6 kleine Taschen.

5 Für die zweite Tasche 15 × 80 cm Taschenstoff zuschneiden und wie die erste Tasche nähen, allerdings mit größeren Trennfächern: Alle 18 cm eine senkrechte Naht setzen, so ergeben sich drei große Taschen.

6 Für die dritte Tasche mit Reißverschluss werden 5 × 55 cm und 5 × 15 cm Taschenstoff zugeschnitten. Alle vier Längskanten mit Zickzackstich versäubern. Den Reißverschluss rechts auf rechts an eine lange Seite des großen Rechtecks nähen. Um möglichst nah an den Reißverschlusszähnen nähen zu können, einen Reißverschlussfuß benutzen.

7 Das schmale Rechteck rechts auf rechts an die andere Seite des Reißverschlusses nähen. Beide Teile umklappen und die Nahtkante absteppen. Den Reißverschluss ein wenig öffnen.

8 Die obere Längskante ca. 1 cm nach innen einschlagen und bügeln. Nun wie in Schritt 4 die untere Längskante an den dritten Strich anlegen und festnähen.

9 Stoffstreifen nach oben klappen und einmal rundherum feststeppen. Bei den Reißverschlusszähnen nur sehr langsam und vorsichtig nähen, evtl. das Handrad benutzen. Überstehende Reißverschlussenden abschneiden.

2

3
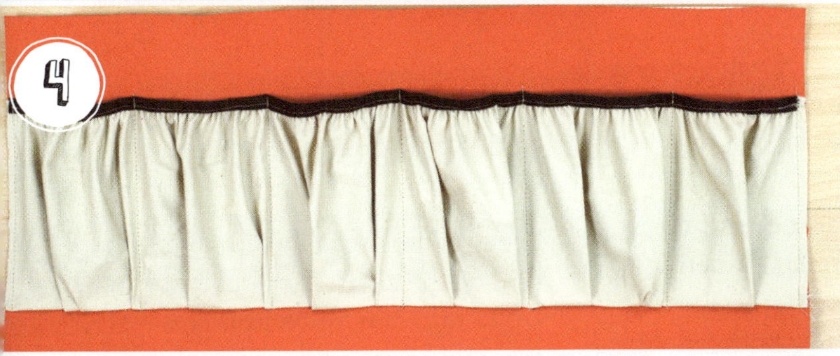
4
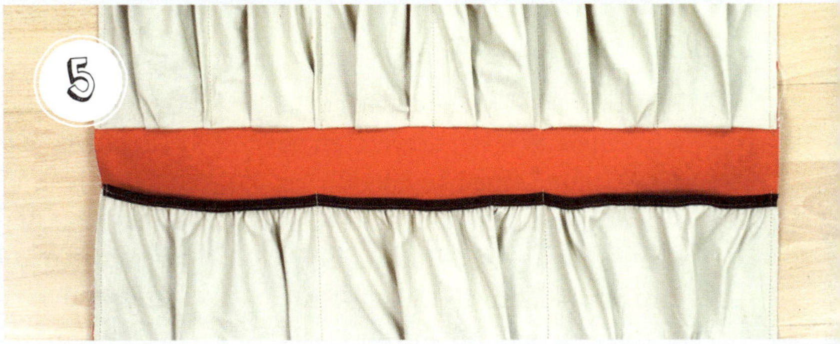
5

6

7

8
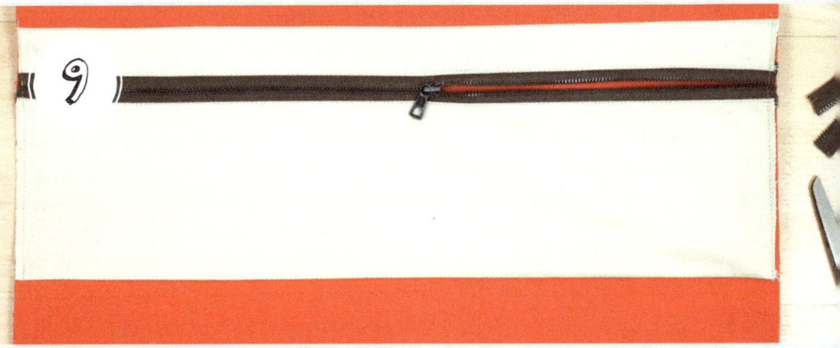
9

10 Für die vierte Tasche 15 × 30 cm zuschneiden. Wie bei den ersten beiden Taschen eine Längskante versäubern und in Falten legen (von 30 auf 20 cm), die andere Längskante mit einem 20 cm langen, dehnbaren Schrägband einfassen. Die linke, kurze Stoffkante etwa 1 cm nach innen einschlagen und bügeln. Die gezackelte Stoffkante bündig an den untersten Strich anlegen, festnähen und hochklappen. Die linke, eingeschlagene Taschenseite festnähen, die rechte an der Außenkante festnähen.

11 45 cm Gurtband abschneiden und an der linken Außenkante des Innenstoffs festnähen, etwa auf halber Höhe der vierten Tasche. Am anderen Ende des Gurtbands einen Druckknopf befestigen, das Unterteil des Knopfs neben der vierten Tasche anbringen.

12 Drei 12-cm-Stücke Gurtband zuschneiden, je zwei D-Ringe auffädeln, die Enden übereinanderschlagen. Auf dem Außenstoff 28 cm von der unteren, kurzen Kante abmessen. Bei 10, 20 und 30 cm, von der Seite gemessen, die Verschlüsse mit einer Sicherheitsnaht (Rechteck mit innen liegendem Kreuz) annähen. Die D-Ringe zeigen zur unteren, kurzen Kante.

13 Drei 40 cm lange Stücke Gurtband zuschneiden, 28 cm von der oberen, kurzen Kante abmessen und diese bei 10, 20 und 30 cm auf dem Außenstoff feststecken. Die Verschlussbänder zeigen zur oberen, kurzen Kante. Ebenfalls mit Sicherheitsnaht festnähen.

14 Den Innenstoff mit Taschen links auf links auf den Außenstoff legen und ausrichten. An den Seiten sollten jeweils etwa 5 cm Außenstoff gleichmäßig überstehen.

15 Zuerst die langen Seiten des Außenstoffes etwa 2 cm nach innen einschlagen und bügeln.

16 Erneut 2 cm einschlagen, bügeln und feststecken. Der Außenstoff sollte nun den Innenstoff einfassen. Knapp neben der Naht absteppen. Schritt 15 und 16 an den kurzen Seiten wiederholen.

17 Für den Trageriemen 80 cm Gurtband zuschneiden und auf dem Außenstoff rechts und links von den Verschlussbändern mit einer Sicherheitsnaht festnähen.

18 Für die Aufhängung zwei 40-cm-Stücke Gurtband zuschneiden, die Enden umschlagen und rechts und links außen an der oberen Kante des Innenstoffs mit einer Sicherheitsnaht festnähen.

19 Zum Transport werden die kurzen Seiten eingeschlagen und die Tasche zusammengeklappt.

12

13
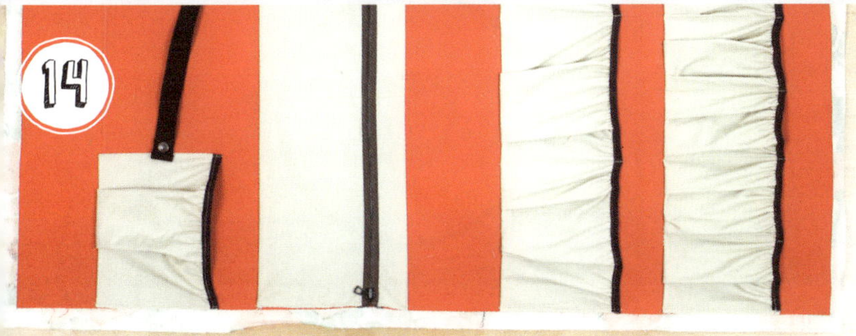
14

15
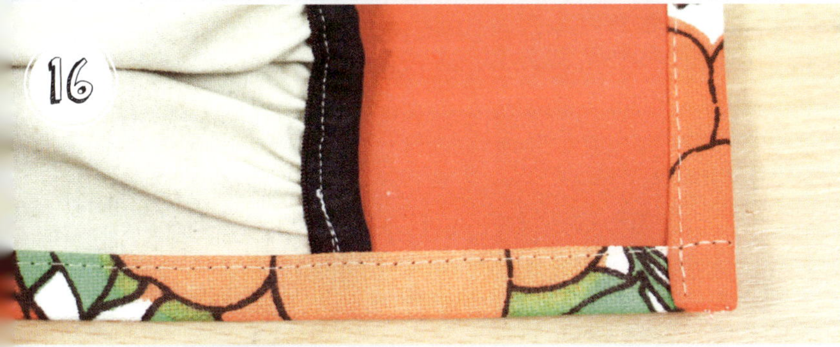
16

17

18

19

CAMPING HACKS

Seifenhalter aus alter Nylonstrumpfhose

Damit die Seife beim Händewaschen nicht wegrutscht und dreckig wird: Das Bein einer alten Nylonstrumpfhose abschneiden, Seife bis zum Fuß hineinstecken und das offene Ende um einen Ast knoten. Die Seife hält zudem länger und auch kleine Seifenreste lassen sich so gut aufbrauchen.

Aufhängung für Töpfe und Pfannen

Einen langen Ledergürtel (oder zwei aneinander befestigte Gürtel) um einen Baum spannen und S-Haken aus dem Baummarkt daran befestigen. So hast du eine prima Aufhängung für Töpfe, Pfannen und Grillbesteck.

Toilettenpapier in Metalldose

Bewahre die Toilettenpapierrolle in einer alten Kaffeedose auf, dort kann sie sich nicht aufrollen und bleibt vor allem sauber und trocken.

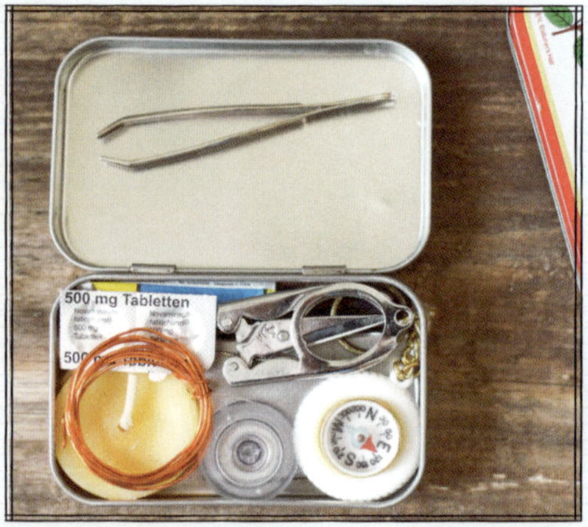

Mini-Survival-Kit

Trage die wichtigsten Dinge immer bei dir – du weißt nie, wann du sie mal brauchst! Kleine Bonbondosen aus Metall sind die perfekte Verpackung für dein individuelles Mini-Survival-Kit: Sie sind robust und passen in jede Tasche. Der Inhalt wird den eigenen Bedürfnissen angepasst, hier einige Vorschläge, was du reinfüllen könntest.

Survival-Kit

- *Sturmfeuerzeug*
- *Sicherheitsnadel*
- *Nadel & Faden*
- *Schmerztabletten*
- *Draht*
- *Kompass*
- *Taschenmesser oder Schere*
- *Sekundenkleber*
- *Teelicht*
- *Bleistift*

… und noch mehr Outdoor-Tricks

Gewürze in Tic-Tac-Dosen

Rechteckig, praktisch, gut: Weil sie wenig Platz wegnehmen und eine kleine Öffnung haben, lassen sich Tic-Tac-Dosen prima als Gewürzdöschen benutzen. Salz, Pfeffer und Paprika müssen auf jeden Fall mit!

Minibojen für Schlüssel & Co.

Ein Tipp für alle, die paddeln, segeln oder mit dem Hausboot umherschippern: Schlüssel und andere Utensilien, die nicht auf den tiefen Grund der Gewässer versinken sollen, mit einem Weinkorken versehen.

Keramikbecher als Lautsprecher

Ohne Batterien, kostengünstig und kann nachher mit Kaffee befüllt werden? Das gibt es nur bei diesem sofort einsatzbereiten Lautsprecher fürs Handy. Einfach das Handy in einen Keramikbecher stellen – fertig.

N
W
E
S

SITZKISSEN
AUS WACHSTUCH ODER KUNSTLEDER

Dieses praktische und stylische Sitzkissen für Picknick, Festival oder Strand verschafft dir an jedem Ort eine trockene, saubere und weiche Sitzgelegenheit. Aus Wachstuch oder Kunstleder gefertigt, ist das Sitzkissen Wasser abweisend, nicht schmutzempfindlich und dazu sehr leicht zu reinigen.

Material

- Wachstuch oder Kunstleder, 45 × 90 cm
- Schaumstoffplatte, 40 × 40 cm, 2 cm dick
- gewachstes Baumwollgarn, Ø 1 mm

Werkzeug

- Schere
- Stift
- Lineal
- Lochzange
- Sticknadel
- Nähnadel
- 2 Wäscheklammern
- Klebestreifen

So geht's

1 Vorder- und Rückseite mit je 45 × 45 cm zuschneiden.

2 Beide Teile links auf links aufeinanderlegen und mit Wäscheklammern gegen Verrutschen sichern. Alle vier Seiten zum Nähen vorlochen, dabei sollten die Löcher untereinander einen Abstand von 2 cm haben. In der Mitte beginnen und zum äußeren Rand hin arbeiten. Der Abstand der Löcher zur Schnittkante beträgt ca. 1 cm.

3 Wenn die Oberfläche bestickt werden soll, wird jetzt das Muster übertragen. Dazu entweder die Vorlage von Seite 125 verwenden oder auf kariertem Papier ein eigenes Bild entwerfen. Die Vorlage mit Klebestreifen auf dem Kunstleder befestigen, das Schaumstoffteil darunterlegen und alle Markierungspunkte mit einer spitzen Nadel durchstechen.

4 Das Muster dann mit Baumwollschnur aufsticken.

5 Vorder- und Rückseite des Kissens links auf links aufeinanderlegen und den Rand mit einem Schlingenstich zusammennähen.

6 Sobald drei Seiten zusammengenäht sind, den Schaumstoff dazwischenschieben und die vierte Kante schließen.

2

3
N
W
S

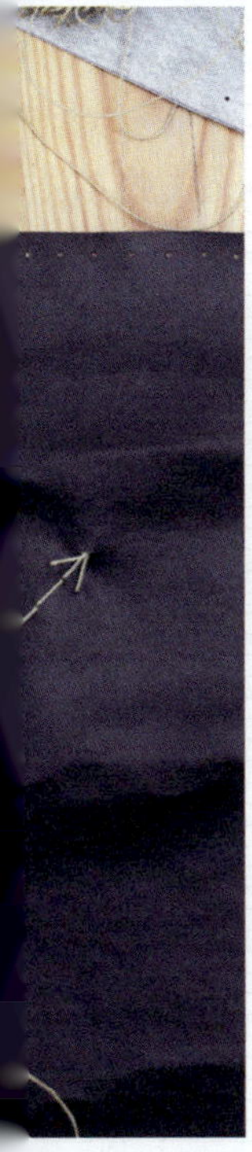

5

6
S
N
W

Zusammengeklappt ist der Hocker handlich und dank des Tragegurts leicht zu transportieren.

Päuschen gefällig? Zur Benutzung sind die Beine des Hockers schnell auseinandergeklappt.

DREIBEINHOCKER

Wer auch beim Campen nicht so gerne auf dem Boden sitzt, wird sich über diesen Dreibeinhocker mit Ledersitzfläche freuen. Für den Transport lässt sich der Hocker platzsparend zusammenklappen, und er ist ruck, zuck aufgebaut, sobald man unterwegs eine komfortable Sitzgelegenheit braucht.

Material

- Leder, 50 × 50 cm, ca. 25 mm dick
- schmaler Ledergürtel, ca. 130 cm
- 2 Besenstiele, Ø 3 cm (genug für drei 60-cm-Beine)
- 1 Kreuzschlitz-Schraube M6, 60 mm lang
- 1 Ringschraube M6, 30 mm lang
- 2 Hutmuttern M6
- 3 Unterlegscheiben M6
- 3 Holzschrauben, 2 cm lang
- 3 Schraubenrosetten, passend für die Holzschrauben (dürfen nicht durchrutschen)
- Hohlnieten, ca. 4 mm inkl. Befestigungswerkzeug

Werkzeug

- Gehrungslade
- Schraubenzieher
- Bohrer
- Schere
- Cuttermesser
- Teppichschiene
- Lochzange
- Maulschlüssel, passend für Hutmutter
- Holzbehandlung (Öl oder Wachs)
- 80er-Sandpapier
- Lumpen, Handschuhe
- Mittelpunktfinder (optional)

So geht's

1 Die Besenstiele auf drei Beine à 60 cm zusägen.

2 Die Kanten mit dem Schleifpapier glätten, die Füße dabei etwas rund schleifen.

3 Bei jedem Bein 26 cm von oben abmessen und ein Loch für die M6-Schrauben bohren.

4 Am oberen Beinende den Mittelpunkt markieren und ein Loch für die kleinen Holzschrauben bohren.

5 Das Holz kann nun nach Belieben mit Öl oder Wachs behandelt werden. Gut einziehen lassen.

6 Vorlage von Seite 126 auf die linke Lederseite übertragen, ausschneiden und die Löcher vorstanzen.

2

3

5

6

So geht's

7 Nun die Beine zusammenschrauben, dazu eine M6-Kreuzschlitz-Schraube mit Unterlegscheibe durch das erste Holzbein schieben, anschließend durch die Öse der Ringschraube, dann durch das nächste Bein. Dort mit einer Unterlegscheibe und Hutmutter abschließen, noch nicht ganz festziehen.

8 Die Ringschraube hochklappen und durch das dritte Bein schieben, dann wieder mit Unterlegscheibe und Hutmutter abschließen. Jetzt die beiden Hutmuttern gut festziehen. Die Beine des Hockers sollten sich wie abgebildet auseinanderklappen lassen.

9 Für den Tragegurt 30 cm von der Gürtelschnalle gemessen abschneiden und neue Löcher mit der Lochzange stechen, sodass der Gürtel um die drei Holzbeine passt.

10 Das kurze Gürtelteil T-förmig an den restlichen Lederriemen nieten, die Niete sitzt dabei zwischen Loch und Schnalle.

11 Das andere Ende des langen Lederriemens mit zwei Nieten an der Sitzfläche befestigen.

12 Zuletzt die Sitzfläche aus Leder mit den drei Holzschrauben und Schraubenrosetten anbringen und im aufgeklappten Zustand abwechselnd gut festziehen.

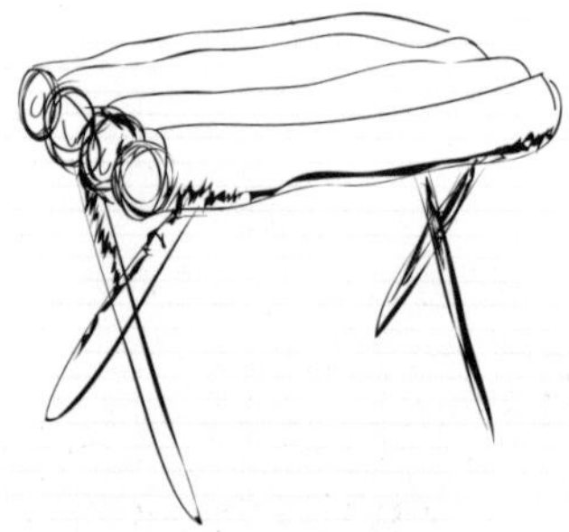

7

8

9

10

11

12

ERSTE-HILFE-TASCHE

Am schönsten ist es, wenn sie nicht zum Einsatz kommt: die Erste-Hilfe-Tasche für den Notfall. Wenn es drauf ankommt, sollte eine Basisausstattung immer griffbereit sein. Die Wasser abweisende Tasche mit Henkel passt gut ins Reisegepäck und ist groß genug, um kleine Utensilien zu verstauen. Wenn du das Schnittmuster etwas abänderst, kannst du es auch für einen Kulturbeutel nutzen!

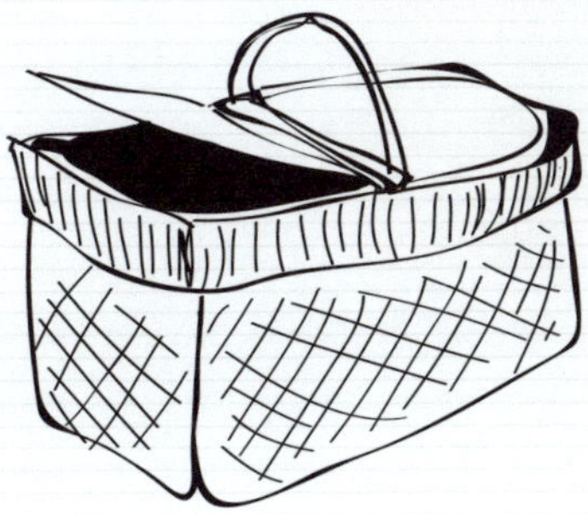

Material

- Canvas in Beige, 30 × 50 cm
- Kartoffel
- Textilfarbe in Rot
- Bienenwachs (z. B. Kerzen)
- teilbarer Reißverschluss mit Zipper, 30 cm

Werkzeug

- Nähmaschine & Garn
- Reißverschlussfuß
- Lineal
- Bleistift
- kariertes Papier
- kleines Messer
- Schwamm
- Föhn
- Stecknadeln
- Jeansnadel (90er)
- Kreide
- Bügeleisen

So geht's

1 Canvas nach Schnittmuster auf Seite 126 zuschneiden, zusätzlich ein Rechteck mit 20 × 6 cm für den Henkel und ein Rechteck mit 8 × 6 cm für die Lasche.

2 Aus Karopapier ein Erste-Hilfe-Kreuz ausschneiden, die Kartoffel halbieren und die Kreuzschablone auf die Schnittfläche legen. Das Kreuz mit dem Messer in die Kartoffel schneiden.

3 Den Bereich außerhalb des Kreuzes wegschnitzen, sodass nur der Stempel stehen bleibt. Papierschablone abnehmen.

4 Den Kartoffelstempel mit einem Schwamm und roter Textilfarbe betupfen. Das Kreuz entsprechend der Vorgabe auf den Stoff drucken und trocknen lassen.

5 Nun kann der Stoff gewachst werden, so wird er Schmutz und Wasser abweisend. Dazu die Oberseite der Stoffteile mit Bienenwachs einreiben.

6 Anschließend so lange heiß föhnen, bis das Wachs gut verteilt und vom Stoff aufgenommen ist.

7 Für den Henkel die langen Seiten ca. 5 mm nach innen umschlagen und bügeln.

8 Den Stoff dann längs zusammenklappen, erneut bügeln und rundherum absteppen.

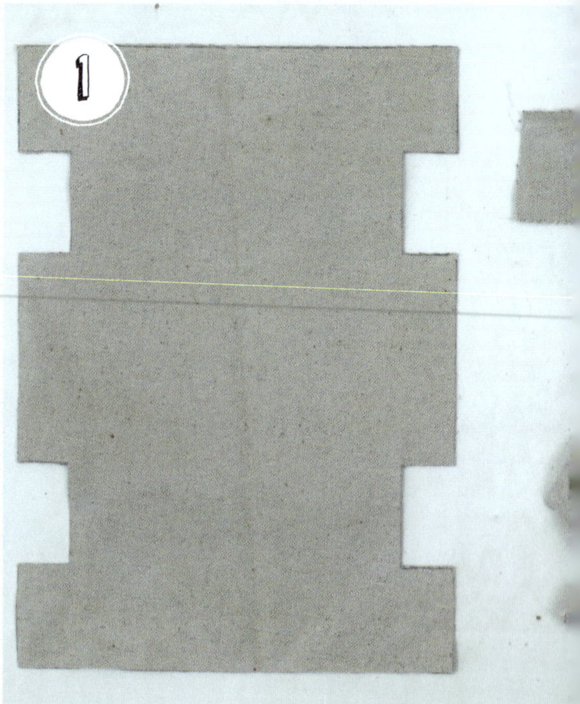

2

3

5

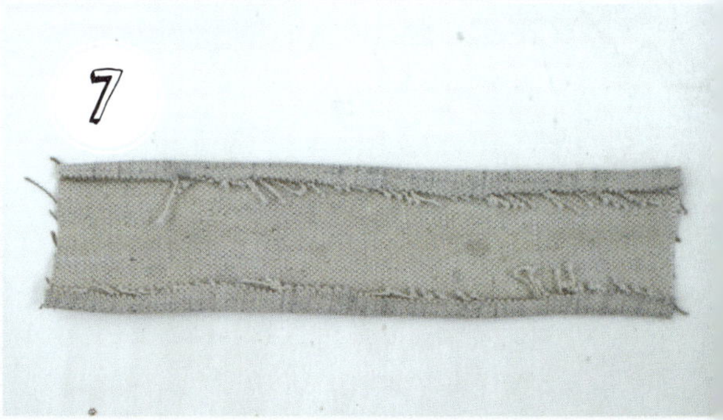
7

6

8

9 Für die Lasche zuerst die kurzen Seiten 5 mm nach innen umschlagen und bügeln, dann eine lange Seite 5 mm nach innen umschlagen und bügeln.

10 Längs zusammenklappen und rundherum absteppen.

11 Nun wird der Reißverschluss angenäht. Zuerst auf der Oberseite mit zwei Pfeilen die Laufrichtung des Zippers markieren, damit dieser später wieder problemlos eingefädelt werden kann.

12 Reißverschluss teilen und fest stecken. Darauf achten, dass die Oberseite des Reißverschlusses auf der Oberseite der Tasche liegt (= rechts auf rechts) und die Zähne von der Schnittkante weg zeigen. Mit dem Reißverschlussfuß festnähen.

13 Die Nahtzugabe mit einem breiten Zickzackstich versäubern, dann nach innen klappen und auf der Oberseite wie abgebildet knappkantig absteppen.

14 Den Zipper einfädeln und bis zur Hälfte schließen. Dort, wo der Reißverschluss offen ist, wird die kleine Lasche festgesteckt, die offene Kante der Lasche liegt bündig auf der Schnittkante der Tasche. Lasche vorsichtig festnähen, dabei evtl. das Handrad der Nähmaschine nutzen, damit die Nadel nicht abbricht.

15 Die beiden offenen, langen Kanten der rechten und linken Seite bündig zusammenstecken und nähen, anschließend den Reißverschluss kürzen und die Nahtzugabe mit Zickzackstich versäubern. Den Henkel durch eine der beidseitig verbleibenden Öffnungen schieben, er muss dabei auf der gegenüberliegenden Seite der Lasche sein.

16 Alle vier Ecken zusammenlegen, feststecken, nähen und versäubern. Dabei den Henkel festnähen. Tasche durch den Reißverschluss wenden und befüllen.

Checkliste

- *Erste-Hilfe-Spickzettel*
- *2 Verbandspäckchen*
- *Mullbinden*
- *2 Wundkompressen*
- *3 Wundschnellverbände*
- *Rollenpflaster*
- *5 m Heftpflaster*
- *Alkoholtupfer*
- *1 Paar Handschuhe*
- *antiseptische Wundsalbe*
- *Dreieckstuch*
- *Rettungsdecke*
- *Sicherheitsnadeln*
- *Schere*
- *Pinzette*
- *Schmerztabletten*
- *Durchfalltabletten*
- *Allergietabletten*

9

10

11

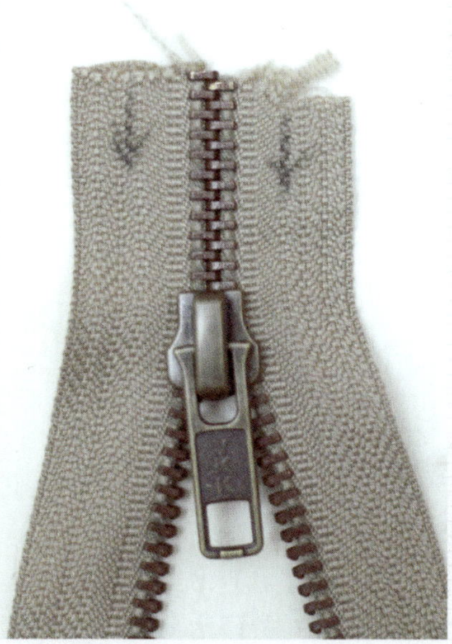

12

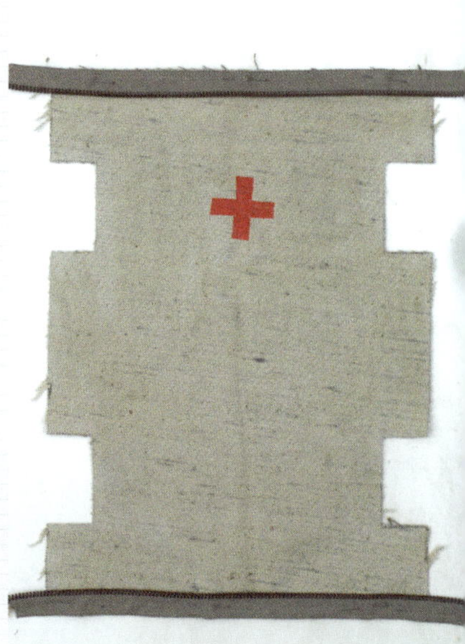

13

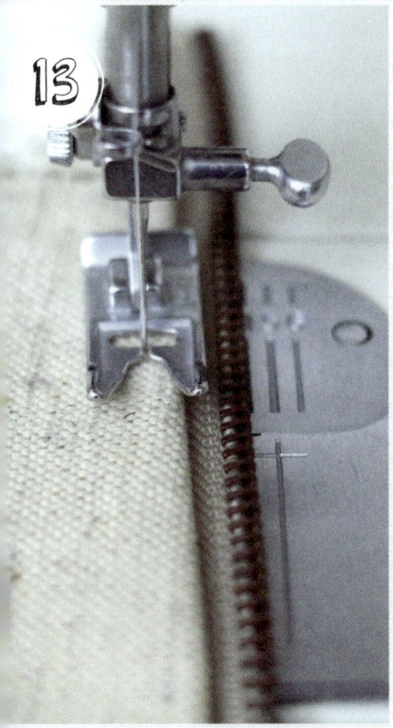

14

15

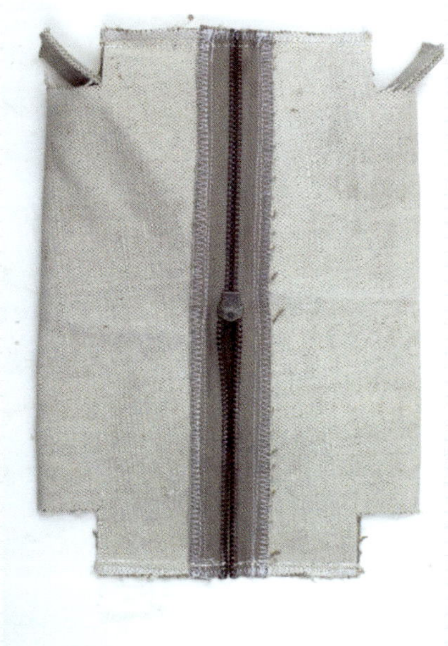

16

ALLES DABEI?

Ausrüstung

- ◯ Zelt und Zubehör
- ◯ Wasser abweisende Plane
- ◯ Laterne
- ◯ Taschenlampe
- ◯ Ersatzbatterien
- ◯ Streichhölzer (wasserdicht verpackt)
- ◯ Land- und Straßenkarten
- ◯ Taschenmesser oder Multitool
- ◯ Seile
- ◯ Trillerpfeife
- ◯ Handy
- ◯ Ladegerät für das Handy
- ◯ Panzertape
- ◯ Campingdusche
- ◯ Feueranzünder
- ◯ Nadel und Faden
- ◯ Kamera
- ◯ Radio & Batterien
- ◯ Papiere (Ausweis, Führerschein, Krankenkassenkarte, Impfpass)
- ◯ Sonnensegel
- ◯ für Survivalcamper: Kompass, Säge, Axt

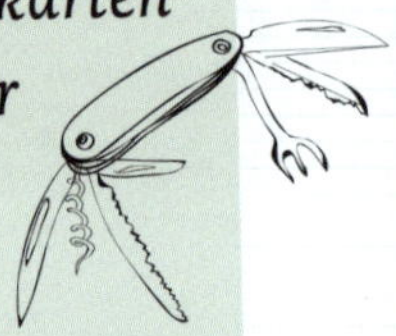

Lebensmittel

- ◯ Öl
- ◯ Gewürze (Tipp dazu auf Seite 45)
- ◯ Snacks (getrocknete Früchte, Nüsse, Kekse)
- ◯ Kaffee
- ◯ Kakao
- ◯ Tee
- ◯ Popcorn
- ◯ Marshmallows
- ◯ Schokolade
- ◯ Brot
- ◯ Butter
- ◯ Käse
- ◯ Pfannkuchenmischung (Rezept auf Seite 115)
- ◯ Zucker
- ◯ Milch
- ◯ Eier

Körperpflege

- ◯ Erste-Hilfe-Set
- ◯ Handtücher und Waschlappen
- ◯ Seife (biologisch abbaubar, eine für alles)
- ◯ Seifenaufbewahrung (Tipp dazu auf Seite 44)
- ◯ Insektenschutz
- ◯ Sonnenschutz
- ◯ Feuchttücher
- ◯ Hygieneartikel
- ◯ Toilettenpapier (Tipp dazu auf Seite 44)
- ◯ Spiegel
- ◯ Ohrstöpsel
- ◯ Zahnbürste
- ◯ Zahnpasta
- ◯ Haarbürste
- ◯ Rasierer
- ◯ Creme
- ◯ Hände-Desinfektionsmittel
- ◯ fürs Camping-Spa: Trockenshampoo, Schlafmaske

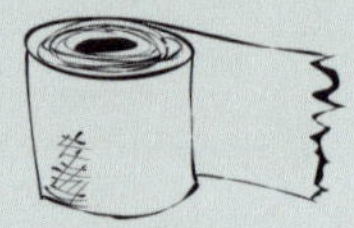

Kleidung

- feste Schuhe und Sandalen
- Jeans und Shorts
- T-Shirt und Langarm-Shirt
- Socken
- Unterwäsche
- Jacke
- Pullover
- Regenjacke
- Sonnenhut
- Schlafanzug
- Bikini
- Handtuch
- Wäschebeutel
- Sonnenbrille
- Regenschirm
- Gummistiefel
- kleiner Rucksack

Kinder

- Seifenblasen
- Knicklichter
- magnetische Brettspiele
- Malbücher
- Stifte und Papier
- Bücher
- Karten
- Kamera (Einweg)
- Lupenglas
- Rucksack
- Taschenlampe
- Sternkarte
- Vogelführer
- für kleine Entdecker: Notizbuch, Taschenlampe, Walkie-Talkie, Lupe, Blumenpresse, Fernglas (Tipp dazu auf Seite 68)

Küche

- Kühlbox
- Teller
- Besteck
- Becher
- Sieb
- Küchenrolle / Servietten
- Geschirrtuch
- Wasserflaschen / Wassersack
- Wäscheklammern
- Pfannen / Töpfe / Teekessel
- Topfhandschuhe
- Schüssel
- Kaffeefilter
- Brettchen
- Messer
- Dosenöffner
- Korkenzieher
- Müllbeutel
- Abwaschschüssel
- Spüli & Schwämmchen
- Grill
- Gaskocher & Kartuschen
- Streichhölzer
- Handfeger

Schlafen und Komfort

- Schlafsack
- Decken und Kissen
- Luftmatratze & Luftpumpe oder Isomatte
- Lampe oder Fackeln
- Kerzen, auch Anti-Mücken-Lichter
- Picknickdecke
- für Luxuscamper: Solar-Lichterketten, Hängematte

Hängematten-DIY auf der nächsten Seite!

HÄNGEMATTE

Siesta macht man beim Campen natürlich am besten in einer Hängematte! Zwischen zwei Bäume gespannt, ist sie der ideale Ort, um ein gutes Buch, die Sonne oder einfach die Ruhe zu genießen. Kleine Fransen und zarte Spitze sind besonders dekorativ und verleihen der Hängematte einen romantischen Boho-Look. Einfach aufhängen, den Blick schweifen lassen und entspannen.

Material

- fester Baumwollstoff, 90 × 230 cm
- Canvas, 90 × 10 cm
- Baumwoll-Wäscheleine, 20 m
- Saumband zum Aufbügeln, 2 m
- 2 stabile D-Ringe, 50 mm breit
- 2 Metallketten, je 2 m
- 2 Karabinerhaken, 60 mm

Werkzeug

- Nähmaschine & Garn
- Maßband
- Schneiderkreide
- Schere
- Stecknadeln
- Bügeleisen
- Sicherheitsnadel

So geht's

1 Einen Streifen Canvas mit den Maßen 5 × 90 cm zuschneiden. Eine kurze Kante des zugeschnittenen Baumwollstoffs flach ausbreiten, etwa 6 cm nach innen einschlagen und bügeln. Auf diesen Umschlag zuerst das Saumband, dann den Canvas-Streifen legen. Festbügeln.

2 Mit Maßband und Schneiderkreide alle 18 cm auf dem Canvas-Streifen markieren. Dort dann jeweils ein 3 cm großes Quadrat aufzeichnen und ausschneiden.

3 Die Schnittkanten der Quadrate mit einem engen Zickzackstich einfassen.

4 Den Saum wie abgebildet zur Hälfte falten, sodass sich insgesamt fünf Tunnel bilden. Saum mit zwei Nähten festnähen.

5 Fünf etwa 2 m lange Seile von der Wäscheleine abschneiden und mithilfe einer Sicherheitsnadel jeweils ein Seil durch einen Tunnel ziehen.

6 Die Seilenden gleichmäßig verteilen und jeweils mit einem Doppelknoten sichern.

7 Die Enden aller Seile zusammennehmen und mit einem Palstek (siehe Skizze) am D-Ring befestigen.

8 Schritt 1 bis 7 auf der gegenüberliegenden Stoffseite wiederholen. Anschließend kann die Hängematte individuell gestaltet werden, z. B. mit Spitze, Fransen oder Borten. Zum Aufhängen werden zwei starke Baumstämme sowie zwei stabile Karabinerhaken und zwei lange Metallketten oder Spanngurte benötigt.

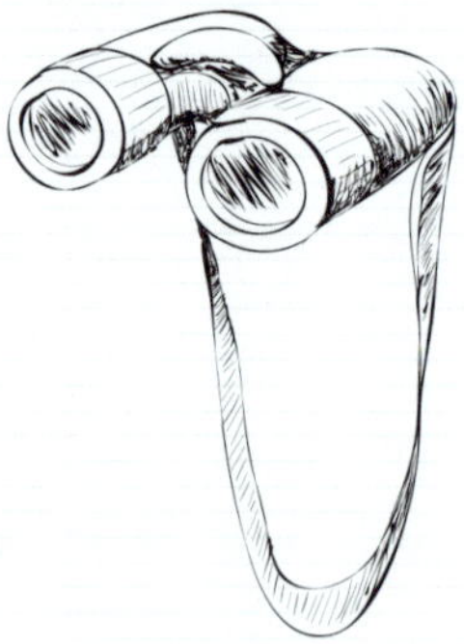

2

4

6

8

Hanni Thöne
Seifenblasen

KOFFER FÜR KLEINE FORSCHER

Entdecken, sammeln und forschen: Dieser handliche Koffer für junge Naturliebhaber und Abenteurer ist prall gefüllt mit kleinen Spielen und spannenden Aufgaben, die Kinder bei Campingausflügen spielerisch beschäftigen und fordern. Welche Spielzeuge, Werkzeuge und Utensilien hineinkommen, kann an das Alter und die speziellen Interessen der Kinder angepasst werden.

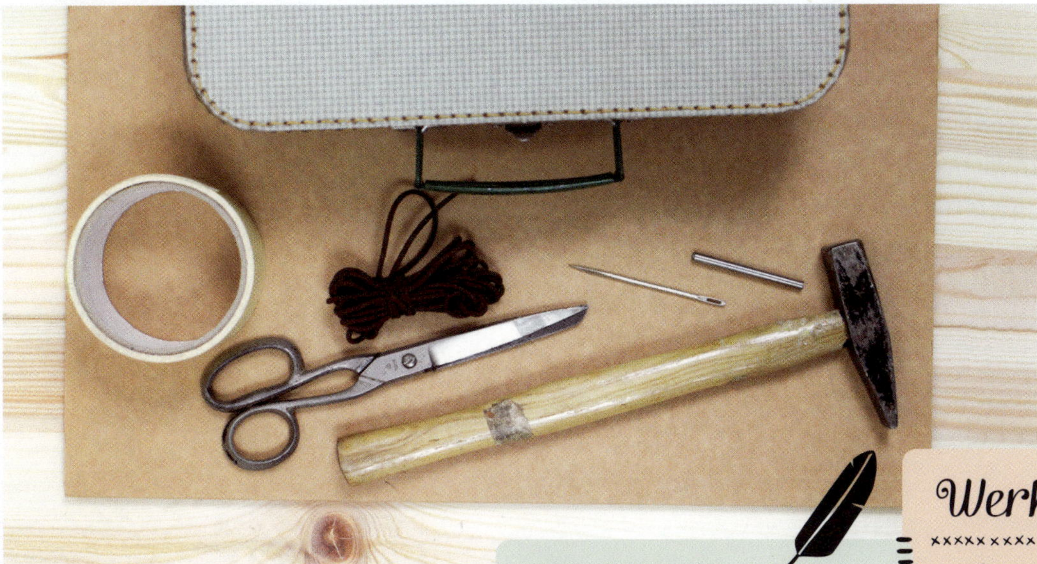

Material

- kleiner Koffer aus Pappe
- Pappe für den Deckel
- Hutgummi, 1–2 m
- doppelseitiges Klebeband

Werkzeug

- Schere
- Lochstanzer & Hammer (oder große Nadel)
- Bleistift

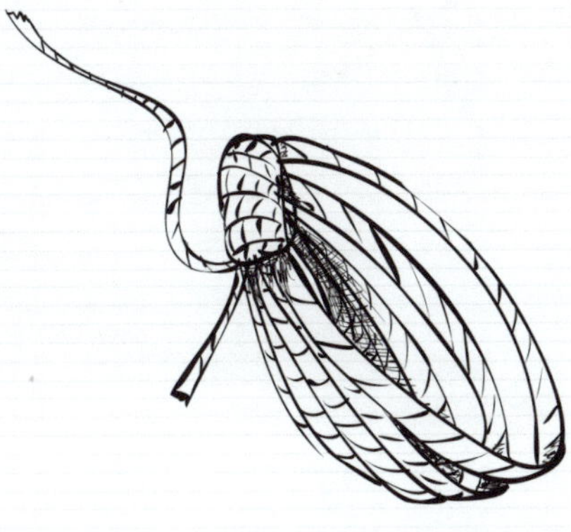

So geht's

1 Pappe auf die Größe des Deckelinneren zuschneiden. Den gewünschten Inhalt auf der Pappe anordnen und mit Bleistift die entsprechenden Löcher für das Hutgummi markieren.

2 Löcher stanzen, Gummiband durch die Löcher fädeln und auf der Rückseite verknoten. Rückseite der Pappe mit doppelseitigem Klebeband im Inneren des Deckels befestigen.

TIPP:
Auf Seite 63 findest du Ideen, was man in den Entdeckerkoffer hineinpacken kann.

DIP-DYE-WINDSCHUTZ

An heißen Sommertagen ist eine frische Brise am Strand oder auf dem Campingplatz erfrischend. Sobald aber etwas mehr Wind weht oder die Tage wieder kühler werden, schafft ein Windschutz Abhilfe und sorgt dazu für ein Plus an Privatsphäre. Durch Tauchfärben in Blau erhält der Stoff einen Farbverlauf, der an die Meerestiefen erinnert und zum Träumen einlädt.

Material

- weißer Baumwollstoff, 90 × 400 cm (oder 2 aneinandergenähte Bettlaken, 90 × 200 cm)
- 5 Bambusstäbe, 180 cm, Ø ca. 1,4 cm
- Textilfarbe in Blau (z. B. von Simplicol)

Werkzeug

- Nähmaschine & Garn
- Holzsäge
- Gehrungslade (optional)
- Bügeleisen
- Stecknadeln
- Schere
- Maßband
- Gummihandschuhe
- alte Schüssel oder Wanne

So geht's

1. Den Stoff vorwaschen und trocknen lassen. Die Bambusstäbe auf eine Länge von 110 cm kürzen.
2. Alle Stoffkanten 1 cm breit nach innen einschlagen und bügeln, anschließend noch mal 1 cm einschlagen und bügeln. Den Saum mit der Nähmaschine feststeppen. (Diesen Schritt spart man sich, wenn man bereits gesäumte Bettlaken verwendet.) Die beiden kurzen Seiten je ca. 4 cm nach innen einschlagen und feststeppen, sodass ein Tunnel entsteht. Dann alle 90 cm den Stoff rechts auf rechts falten und drei weitere Tunnel mit ca. 3 cm Breite nähen. Insgesamt sind am Schluss fünf parallele Tunnel auf die Breite des Stoffs verteilt.
3. Gummihandschuhe anziehen. Textilfarbe nach Herstellerangaben in einer großen Schüssel anrühren. Gefärbt wird in drei Schritten. Dazu den Stoff jeweils mit der unteren Kante voran in die Farbe tauchen und bei jedem der drei Gänge etwa 2 Minuten auf einer Höhe halten. Beim ersten Gang wird der Stoff bis ca. zur Hälfte eingetaucht, danach wird die Tauchtiefe in zwei Schritten reduziert. So entsteht ein Farbverlauf von Dunkel (unten) nach Hell (oben). Wer unsicher ist, kann das Färben vorher an einem Stoffrest ausprobieren!
4. Sobald die Farbe trocken ist, können die Bambusstäbe durch die Tunnel geschoben werden.

1

2

3

4

TIPP:

Aus drei schmalen Ledergürteln kannst du im Handumdrehen eine praktische Trageschlaufe zum Umhängen machen. Einfach oben und unten zwei Gürtel fest um den aufgerollten Windschutz wickeln und den dritten Gürtel als Schlaufe durchziehen. So lassen sich z.B. auch Picknickdecke und Schlafsack bequem transportieren.

TIPI

Jeder, der es seit seiner Kindheit liebt, sich zu verstecken, braucht dieses Tipi! Es ist wunderbar geeignet, um sich zum Lesen, Spielen oder Träumen zurückzuziehen. Mit Rohren aus Bambus und Wänden aus robustem Leinen ist das Zelt leicht, und schnell ist es für einen Tag am Strand zusammengeklappt.

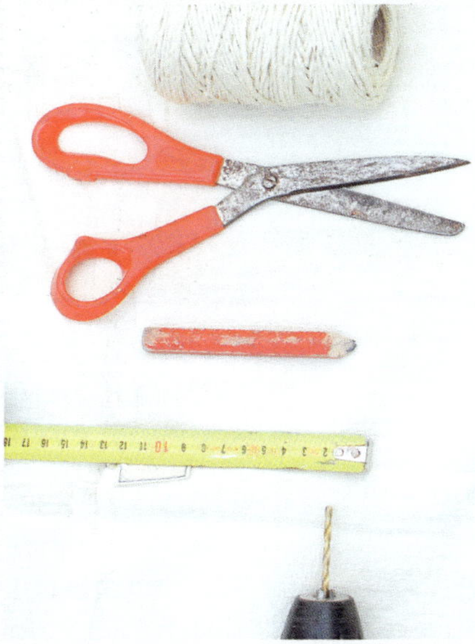

Material

- Leinen in Beige, 140 cm breit, 5 m
- Leinen in Braun, 140 cm breit, 2 m
- 6 Bambusstäbe, 200 cm lang, Ø ca. 1,4 cm
- 12 Metallösen, Ø 6 mm
- Sisalkordel, 6 m
- Lederband, 2 m

Werkzeug

- Nähmaschine & Garn
- Bohrmaschine
- Holzbohrer, 6 mm
- Schere
- Stift
- Schneiderkreide
- Maßband
- Bügeleisen
- Lochzange
- Ösenwerkzeug

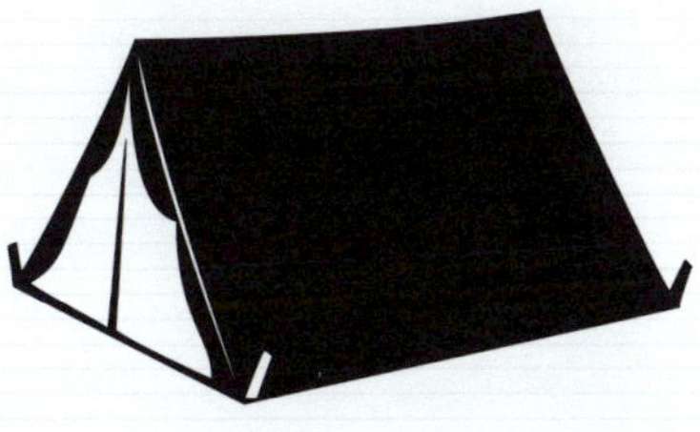

So geht's

1 Jeweils 30 cm von einem Ende der Bambusstäbe abmessen und dort ein Loch bohren.

2 Ein 2 m langes Stück der Sisalkordel durch die Bohrlöcher fädeln und so alle sechs Stäbe miteinander verbinden. Damit sich das Kordelende besser durchschieben lässt, kann das Ausfransen mit Kerzenwachs oder Klebeband verhindert werden.

3 Die Kordel zusammenknoten und die Stäbe in Höhe der Löcher mit dem restlichen Band umwickeln. Die Kordel jedoch nicht zu fest wickeln, die Stäbe sollen oben zusammengehalten werden, sich aber unten noch weit auseinanderklappen lassen.

4 Alle Stoffteile nach dem Zuschnittplan (siehe auch Seite 124) ausschneiden.

5 Jeweils ein beiges Oberteil und ein braunes Unterteil recht auf rechts zusammenlegen, feststecken und entlang der Kante zusammennähen. Auf diese Weise entstehen die fünf Seitenwände des Tipis.

6 Die Nahtzugabe mit Zickzackstich versäubern und dann wie abgebildet nach oben bügeln. Auf der Vorderseite knapp entlang der Nahtlinie absteppen.

3

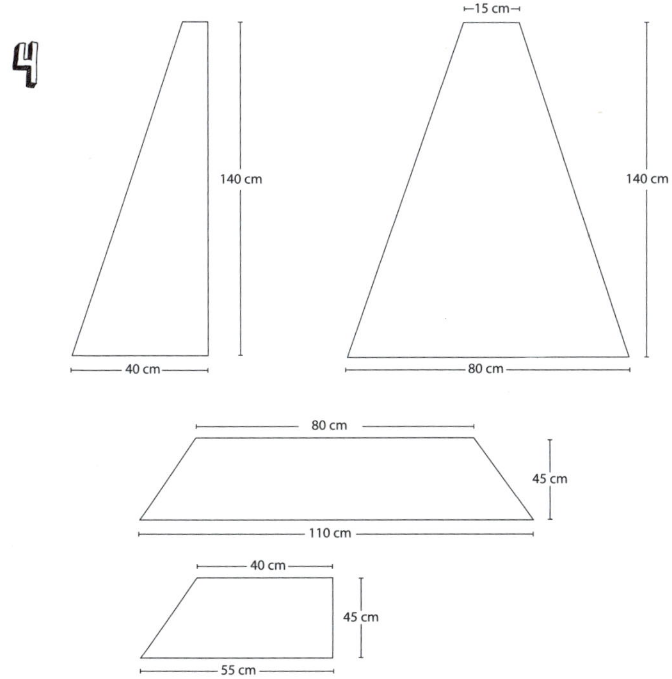
4
15 cm
140 cm
140 cm
40 cm
80 cm
80 cm
45 cm
110 cm
40 cm
45 cm
55 cm

5

6

7 Obere Kanten jeweils 1 cm nach innen schlagen, nochmals 1 cm einschlagen und festnähen. Untere Kanten je 1 cm nach innen schlagen, dann nochmals 4 cm nach innen schlagen. Festnähen.

8 Die Seitenwände an den langen Kanten zusammennähen und die Nahtzugaben versäubern. Mit einem Teil des Zelteingangs beginnen und enden.

9 Ösen anbringen: Gemessen von der oberen Kante, bei 10, 15, 25, 30, 40 und 45 cm eine Öse auf jeder Seite des Zelteingangs im Saum einschlagen.

10 Saum des Eingangs übereinanderlegen und oberhalb der Ösen mit einer Kreuznaht (= Rechteck mit überkreuzter Naht im Inneren) zusammennähen.

11 Im Zeltinneren zusätzlich jeweils ein ca. 30 cm langes Sisalband in der Mitte falten und mit der Schlaufe an der Nahtzugabe festnähen. Mit der Sisalkordel kann das Zelt später an den Bambusstäben befestigt werden.

12 Der Aufbau des Tipis gelingt am besten, wenn zwei Personen mithelfen: Zuerst den Stoff über die sechs Bambusstäbe ziehen und das Lederband kreuzweise durch die Ösen oben am Zelt fädeln. Die Enden des Lederbands verknoten. Dann die sechs Stäbe im gleichen Abstand zueinander aufstellen und im Boden sichern. Die Kordel im Zeltinneren jeweils an den Bambusstäben festknoten.

9

10

11

12

SCHLAUFENGARDINE FÜR DEN CAMPER

Wenn du mit dem Campingmobil unterwegs bist, hast du vielleicht das Glück, ab und zu bis zum Waldrand oder Meereshorizont schauen zu können. Wenn die Aussicht mal nicht so gut ist, helfen ein paar schöne Vorhänge, die dich zudem vor neugierigen Blicken und greller Morgensonne schützen.

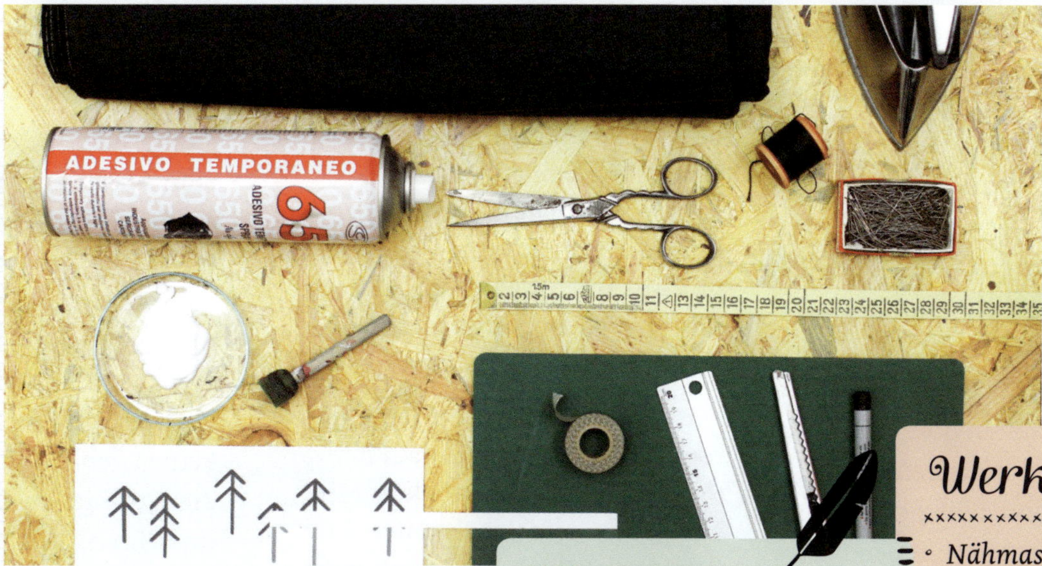

Material

- *Baumwollstoff in Schwarz, passend zu den Fenstern*
- *Textilfarbe in Weiß*
- *Masking Tape*
- *Transparentfolie für Overhead-Projektoren*

Werkzeug

- *Nähmaschine & Garn*
- *Bügeleisen*
- *temporärer Sprühkleber*
- *Schere*
- *Stecknadeln*
- *Maßband*
- *Schablonierpinsel*
- *Cuttermesser*
- *Metalllineal*
- *Schneidematte*
- *Stoffrest*

So geht's

1 Den Stoff je nach Fenstermaß zuschneiden, dabei die Saumzugaben beachten: Für Ober- und Untersaum werden 30 cm berechnet, für den seitlichen Saum 10 cm. (Beispiel VW-T3-Fenstermaß: 100 cm breit × 40 cm hoch. In diesem Beispiel wird ein Stoffstück mit 110 cm Breite und 70 cm Höhe zugeschnitten.) Das Stoffstück zunächst an den Seiten doppelt säumen: Erst 2 cm nach innen, dann nochmals 2 cm umschlagen, bügeln und nähen. Anschließend den oberen und unteren Rand erst 1 cm, dann nochmals 4 cm nach innen umschlagen, bügeln und festnähen. An der oberen und unteren Kante haben sich nun zwei Tunnel gebildet.

2 Die fertig gesäumten Gardinen flach auf den Tisch oder Boden legen. Nadelbaum-Vorlage von ganz vorne aus dem Buch kopieren und auf eine Schneidematte legen. Darüber die transparente Folie legen und alles mit Masking Tape fixieren. Mit einem scharfen Cuttermesser und Metalllineal die einzelnen Nadelbäume ausschneiden.

3 Die Folienrückseite mit temporärem Kleber einsprühen, auf den Stoff legen und festdrücken. Mit Textilfarbe und Schablonierpinsel das Motiv Schritt für Schritt aufbringen. Vor jedem neuen Druck die Folienrückseite mit einem Stoffrest trocken tupfen, damit das Motiv nicht verschmiert. Abschließend die Farbe nach Herstellerangaben auf dem Stoff fixieren.

4 Zur dauerhaften Befestigung der Gardine können z. B. eine Gardinenspirale (plastikummantelter Draht) oder spezielle Druckknöpfe zum Anschrauben benutzt werden. Auch mit starken Neodym-Magneten halten Gardinen problemlos an der Bulli-Innenwand. Sie können direkt in die obere und untere Schlaufe der Gardine eingenäht werden. Der Vorteil ist, dass du keine Löcher bohren musst und die Gardinen bei Nichtbenutzung im Schrank verschwinden.

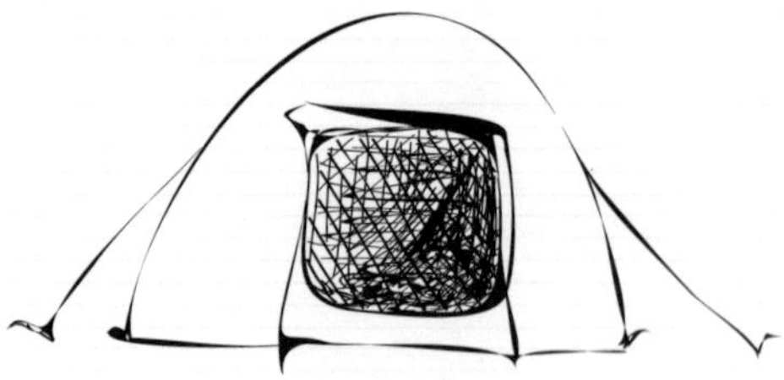

1

2

3
ADESIVO TEMPORANEO

4

Durch seine rechteckige Form ist der Schlafsack leicht zusammenrollbar.

Die Stickerei ist einfach zu machen und kann farblich an das Futter des Schlafsacks angepasst werden.

HANDBESTICKTER SCHLAFSACK

Mit diesem vielseitigen Deckenschlafsack startest du jeden Morgen aufs Neue in einen guten Campingtag. Aufgeklappt ist er als Picknickdecke nutzbar, wärmt dich am Lagerfeuer oder dient als zusätzlicher Bettüberwurf in der Nacht. Das Baumwollmaterial eignet sich am besten für laue Sommernächte und Übernachtungen in Campingbus oder Holzhütte.

Werkzeug

- Nähmaschine & Garn
- Schere
- Bügeleisen
- Stecknadeln
- Reißverschlussfuß
- Sticknadel

Material

- fester Baumwollstoff für außen (z. B. Tagesdecke), ca. 140 × 250 cm
- leichter Baumwollstoff für innen (z. B. Vintage-Bettbezug), ca. 140 × 250 cm
- Steppdecke als Innenfutter, 140 × 200 cm
- Endlos-Reißverschluss mit Schieber und Stopper, 3 m (alternativ 3 m Zelt-Reißverschluss)
- Baumwollkordel und Sicherheitsnadel für den Schlafsack-Beutel, 2 m
- farbiges Stickgarn

So geht's

EINZELSCHLAFSACK

1 Außen- und Innenstoff jeweils auf 140 × 200 cm zuschneiden. Die langen Kanten des Innenstoffs aufeinanderfalten und die untere Mitte mit einer Stecknadel markieren. Hier beginnt der Reißverschluss.

2 Von diesem Punkt aus wird nun der geschlossene Reißverschluss auf dem Innenstoff festgesteckt. Die rechte Stoffseite und die rechte Seite des Reißverschlusses zeigen dabei nach oben. Den Reißverschluss an der unteren rechten Ecke zur Rundung legen und weiter bis zur oberen rechten Kante feststecken.

Nun den Außenstoff darüberlegen (die linke Stoffseite zeigt nach oben), Schritt für Schritt die alten Stecknadeln entfernst und alle drei Schichten erneut zusammenstecken. Knapp neben dem Reißverschluss entlangnähen, dabei an der Oberkante 5 cm freilassen (siehe dazu Bild 7). Die Nahtzugabe mit einem Zickzackstich gegen Ausfransen sichern.

3 Die Stoffe auf rechts drehen und neben der Naht knappkantig absteppen.

4 Die andere Seite des Reißverschlusses wird auf die gleiche Weise am Schlafsack befestigt.

5 Verteile nun die Steppdecke gleichmäßig zwischen Außen- und Innenstoff. Mit einem sogenannten Heftstich werden jetzt Oberstoff und Steppdecke miteinander verbunden. Das ist wichtig, damit das Polster nicht verrutschen kann. Stich durch den Oberstoff ein und nimm die Steppdecke mit, bevor die Nadel wieder durch den Oberstoff austritt. Hefte in parallelen, ca. 5 cm voneinander entfernten Nähten über die ganze Breite der Decke. Heften mit Nadel und Stickgarn geht mit etwas Übung schnell von der Hand, mache am besten gleich mehrere Stiche, bevor du die Nadel ganz durchziehst.

6 Nun wird die Oberkante geschlossen. Dazu Außen- und Innenstoff nach innen umschlagen und bügeln.

7 Die Stoffkanten aufeinanderstecken und festnähen. Das überstehende Reißverschlussende wird dabei mit eingefasst.

8 Zuletzt an der Unterkante des Schlafsacks noch die Reißverschlussenden zwischen Außen- und Innenstoff legen und gut festnähen.

3

4

5

6

7

8

9

So geht's

TIPP:
Auch den Packsack kannst du mit Stickerei verzieren, nachdem du ihn fertig genäht hast.

PACKSACK

1 Außen- und Innenstoff auf je 50 × 140 cm zuschneiden. Die kurzen Kanten des Innenstoffs aufeinanderlegen. Die beiden langen Seiten mit der Nähmaschine schließen, dabei auf einer Seite eine Wendeöffnung von ca. 8 cm lassen. Mit dem Außenstoff ebenso verfahren, aber auf die Wendeöffnung verzichten. Für den Boden des Beutels die Ecken abnähen. Wichtig: Die Seitennaht muss genau mittig auf dem Boden liegen! Ca. 8 cm von der Spitze abmessen, Nahtlinie im rechten Winkel einzeichnen und absteppen. Ecken auf 1 cm Nahtzugabe zurückschneiden.

2 Den Außenstoff auf rechts wenden und den Innenstoff darüberziehen. Die linken Stoffseiten sind jetzt beide außen. Oberkanten zusammenstecken und komplett zunähen.

3 Den Außenstoff durch die Wendeöffnung ziehen und die Wendeöffnung zunähen. Innenstoff in den Beutel stecken und die Oberkante bügeln.

4 Die obere Kante ca. 5 cm breit nach außen umschlagen, feststecken und nähen, dabei an beiden Seiten eine kleine Öffnung für die Kordel lassen. Kordel teilen und wie abgebildet mit einer Sicherheitsnadel durch den Tunnel ziehen: Kordel durch eine Seite des Beutels führen und anschließend durch die zweite Seite des Beutels. Die Enden der Kordel zusammenknoten. Die zweite Kordel genauso einfädeln, hier aber auf der anderen Seite beginnen.

1

2

3

4

MEINS
DEINS

BIERFLASCHENHALTER
AUS KONSERVENDOSEN

Wo auch immer du dich nach einem langen Tag niederlässt, diesen praktischen Bierflaschenhalter kannst du überall neben dir in den Erdboden stecken und dein kaltes Bier genießen. Seid ihr mehrere Camper, beschriftet ihr den Bierflaschenhalter auf der Tafelfarbe mit euren Namen.

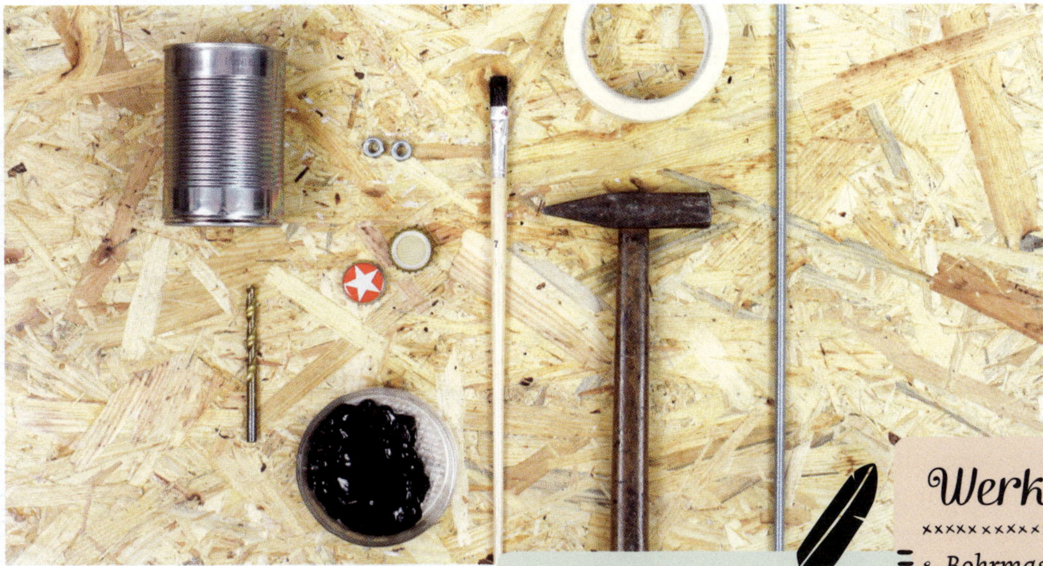

Material

- saubere Konservendose
- Gewindestange M8, 1 m
- 2 Sechskantmuttern M8
- 2 Kronkorken (oder Unterlegscheiben)
- Tafelfarbe
- Malerkrepp

Werkzeug

- Bohrmaschine
- Metallbohrer
- Hammer
- Bleistift
- Lineal
- Mittelpunktfinder
- Pinsel

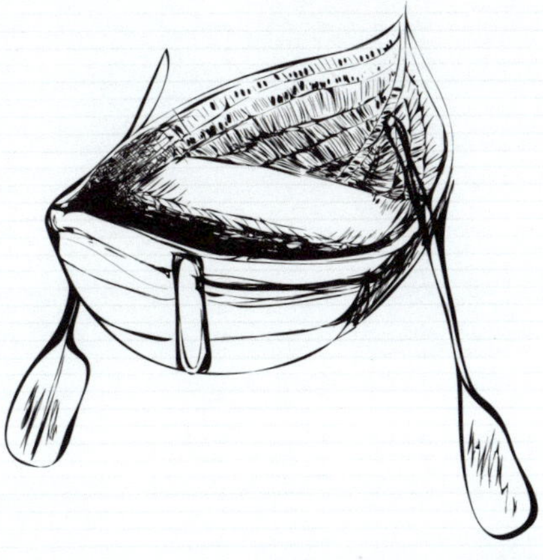

So geht's

1. Banderole entfernen, Dose reinigen, von Kleberesten befreien und evtl. scharfe Kanten mit Schleifpapier glätten. Kronkorken platt hämmern und jeweils mittig ein Loch hineinbohren, sodass die Gewindestange durchpasst.
2. Ein gleich großes Loch in den Dosenboden bohren.
3. Jetzt eine Mutter und dann eine Kronkorkenscheibe auf die Stange drehen. Dann die Dose mit dem Boden zuerst auf die Stange schieben. Abschließend wieder eine Kronkorkenschreibe und die letzte Mutter auf die Stange drehen.
4. Die zuletzt aufgeschraubte Mutter schließt bündig mit dem Ende der Stange ab. Jetzt die Dose bis ganz an die obere Mutter hochschieben. Die untere Mutter nach oben an den Dosenboden drehen und festziehen.
5. Oberen Teil der Dose wie abgebildet mit Malerkrepp abkleben und zwei Schichten Tafelfarbe auftragen. Malerkrepp lösen und Farbe gut trocknen lassen.

1

2

3

4

5

ACHTUNG:

Die Tischfackeln sollten nur im Freien und unter Aufsicht genutzt sowie außerhalb der Reichweite von Kindern und Haustieren aufgestellt werden.

OUTDOOR-TISCHFACKEL

Tischfackeln aus Altglas sind eine günstige Möglichkeit, Licht ins Dunkel zu bringen und für eine gemütliche Atmosphäre zu sorgen. Die Verschlusskappe aus Kupfer löscht die Flamme sicher und schützt das Lampenöl zudem vor Regenwasser.

Material

- saubere Flasche (z. B. Wein- oder Whiskyflasche)
- Fackeldocht, 40 cm, Ø 12 mm,
- Kupfer-Absatznippel, Ø 18 mm / 12 mm (abhängig von Flaschenhalsöffnung)
- Kupfer-Endkappe, Ø 22 mm
- 2 Biegeringe, Ø 7 mm
- Gliederkette, ca. 7 mm
- Lampenöl

Werkzeug

- Kombizange
- Bohrmaschine
- Metallbohrer
- Schutzbrille

So geht's

1. Mit einem kleinen Metallbohrer seitlich am Rand jeweils ein Loch in die Kupfer-Endkappe und den Absatznippel bohren. Die Endkappe dient später zum Löschen der Fackel, der Absatznippel hält den Docht.
2. Biegeringe durch die Löcher fädeln und die Ringe mit der Gliederkette verbinden.
3. Den Docht durch den Absatznippel schieben und die Flasche mit Lampenöl befüllen. Dochthalter in den Flaschenhals stecken. Erst anzünden, wenn der Docht komplett mit Lampenöl vollgesogen ist.

FEUERHOLZ-TRAGETASCHE

Endlich keine verschmutzte Kleidung und keine zerkratzten Unterarme mehr – diese Tasche ist ein unentbehrlicher Helfer beim Transport von Brennholz für ein gemütliches Lagerfeuer. Bei Nichtgebrauch lässt sich die Tragetasche platzsparend zusammenrollen, außerdem kannst du damit auch Werkzeug, Zeitschriften, Wildblumen und vieles mehr transportieren.

Material

- fester Stoff für innen (z. B. Canvas oder Seesack), 50 × 100 cm
- Baumwollstoff für außen, 50 × 100 cm
- Holzstab (z. B. Treibholz, Besenstiel, Bambus), 120 cm, Ø ca. 2 cm

Werkzeug

- Nähmaschine & Garn
- Holzsäge
- Stecknadeln
- Bügeleisen
- Lineal

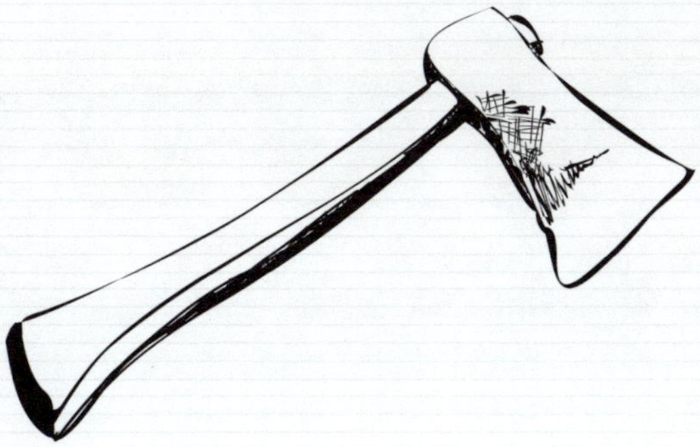

So geht's

1 Außen-und Innenstoff rechts auf rechts aufeinanderlegen, an den langen Seiten feststecken und zusammennähen. Dabei auf einer Seite eine Wendeöffnung von ca. 8 cm lassen.

2 Aus der Mitte der kurzen Seiten jeweils ein 15 cm breites und 20 cm langes Rechteck ausschneiden, die offenen Kanten mit einer Naht schließen.

3 Die Nahtzugaben kürzen und die Ecken schräg zurückschneiden bzw. etwas einschneiden.

4 Die Tasche wenden und in Form bügeln.

5 Die Henkel nach innen falten und festnähen. Den Stock in der Mitte durchsägen und jeweils als Griff durch die Henkel schieben.

TIPP:

Nasses Holz? Mache zuerst ein kleines Feuer mit mitteldicken Stöcken und lege immer wieder Kleinholz nach. Die feuchten großen Teile legst du zum Trocknen rund um das Lagerfeuer.

Feueranzünder aus Bienenwachs

Kein Camping ohne Lagerfeuer und kein Lagerfeuer ohne Anzünder: Überrasche deine Freunde doch mal mit selbst gemachten Anzündern für Lagerfeuer, Grill oder Kamin. Sie sehen nicht nur schön aus, die Kräuter sorgen zudem für einen angenehmen Duft und vertreiben Mücken und andere Insekten.

Material

- leerer Eierkarton
- Bienenwachs (z. B. Kerzenreste oder Teelichter)
- Holzspäne
- Dochtschnur, 50 cm, Ø 3 mm
- trockene Kiefernnadeln, Kienäpfel, kleine Zweige
- getrocknete Kräuter (z. B. Lavendel, Salbei, Thymian)

Werkzeug

- Topf
- saubere Konservendose
- etwas Wasser

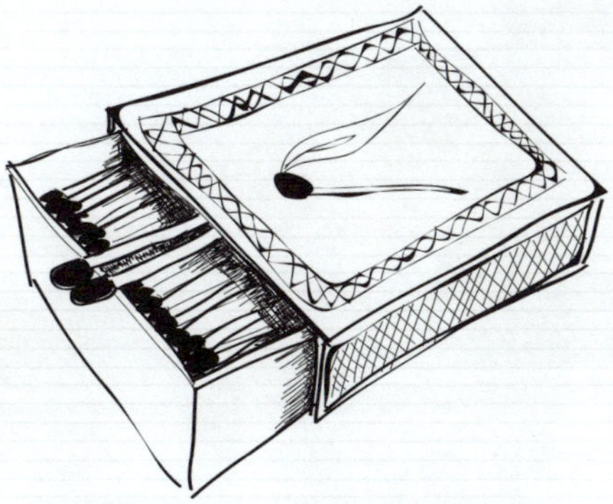

So geht's

1 Das Bienenwachs auf kleiner Stufe im Wasserbad zum Schmelzen bringen.

2 Docht in ca. 5 cm lange Stücke schneiden. Den Boden des Eierkartons mit Sägespänen bedecken und die Dochte hineinstecken. Die Holzspäne nach und nach mit flüssigem Bienenwachs übergießen.

3 Sofort Kräuter, Tannennadeln und Kienäpfel hineindrücken. Darauf achten, dass die Dochte rausgucken, damit man sie später anzünden kann.

4 Nachdem das Wachs getrocknet ist, zerschneidest du den Eierkarton, sodass man die Feueranzünder einzeln dosieren kann.

TIPP: Zur Aufbewahrung oder zum Verschenken kannst du die Anzünder in ein Einmachglas füllen.

2

4

BESTECKTASCHE
MIT PLATZDECKCHEN

Nichts schmeckt so gut wie ein Picknick an der frischen Luft! Um dieses stilvoll zu begehen, deckst du den Tisch unter freiem Himmel mit einem Platzdeckchen, das praktischerweise auch das Essbesteck enthält. Im Platzdeckchen ist das Besteck auch für den Transport hübsch und sicher verwahrt.

Werkzeug

- Nähmaschine & Garn
- Schere
- Schneiderkreide
- Lineal
- Stecknadeln
- Bügeleisen

Material

- Außenstoff (z. B. handbesticktes Deckchen oder Kissen), 40 × 55 cm
- Innenstoff (z. B. einfarbiges Leinen), 40 × 75 cm
- Vlieseline H250, 40 × 75 cm
- Kordel

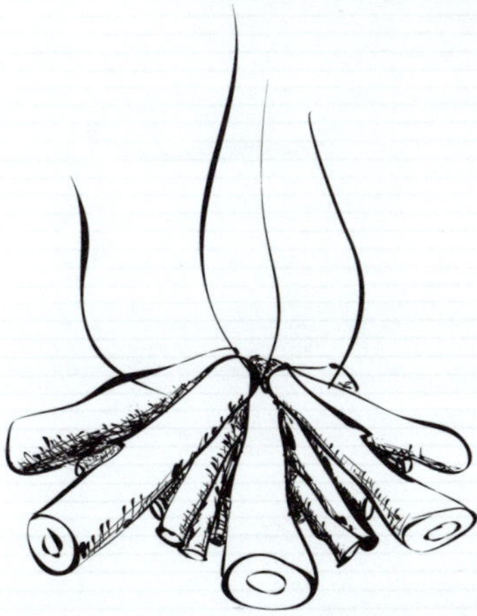

So geht's

1 Den Außen- und Innenstoff sowie die Vlieseline auf je 40 × 55 cm zuschneiden, zusätzlich ein 20 × 40 cm großes Stück Vlieseline und 40 × 40 cm Innenstoff zuschneiden.

2 Das große Stück Vlieseline auf die Rückseite des Außenstoffs bügeln. Für die Innentasche den 40 × 40 cm Innenstoff zusammenfalten, Vlieseline dazwischenbügeln und die obere Kante absteppen.

3 Die Tasche bündig auf den Innenstoff stecken und die gewünschten Einzelfächer für das Besteck (hier ca. 8 cm) markieren. Auf der Kreidelinie entlangnähen.

4 Die Kordel etwa mittig an der Kante der Innentasche feststecken.

5 Oberstoff und Futterstoff rechts auf rechts legen, mit Stecknadeln fixieren, rundherum nähen, dabei oben eine Wendeöffnung von ca. 3 cm lassen.

6 Nahtzugaben auf ca. 5 mm kürzen, die Ecken schräg zurückschneiden.

7 Tasche wenden, bügeln und knappkantig absteppen, dabei die Wendeöffnung schließen.

4

5

6

7

DIY
CAMPING
REZEPTE

PANCAKES
MIT AHORNSIRUP UND FRÜCHTEN

Ein fertiger Pancake-Mix, dem nur noch Milch und Eier und etwas Butter hinzugefügt werden müssen, ist praktisch für unterwegs. In ein luftdicht schließendes Gefäß abgefüllt, lässt sich der Pancake-Mix prima mit auf Reisen nehmen.

Zutaten

für den Pancake-Mix

- *125 g Weizenmehl*
- *1–2 EL Zucker*
- *½ TL Backpulver*
- *¼ TL Natron*
- *½ TL Salz*

außerdem benötigt

- *240 ml Milch*
- *1 Ei*
- *2 EL geschmolzene Butter oder neutrales Öl*

zum Servieren

- *Ahornsirup & Butter*
- *Blaubeeren, Banane, Pfirsich, Nüsse, Schokosplitter …*

Kochutensilien

- *Pfanne*
- *Löffel*
- *Pfannenwender*

1. Die drei flüssigen Zutaten in einer Schüssel verrühren und zum Trockenmix gießen. Alles miteinander mischen, am besten mit einem Holzlöffel. Es ist nicht dramatisch, wenn ein paar Klümpchen bleiben.
2. Pfanne auf mittlere Hitze bringen und ein wenig Butter oder Öl erhitzen.
3. Für jeden Pancake 2–3 EL Teig in die Pfanne geben. Je nach Pfannengröße passen 2–3 Pancakes nebeneinander. Teig mit dem Löffelrücken leicht zu Kreisen verstreichen.
4. Wenn auf der Oberfläche der Pancakes Bläschen zu sehen sind, können sie gewendet werden. Sie sollen auf beiden Seiten goldbraun sein. Die Pancakes zwischen zwei Tellern warm halten, bis man anfängt, sie zu verspeisen. Jeder kann sich seine Pancakes mit Ahornsirup, Butter und frischen Früchten ganz nach Belieben verfeinern.

GEGRILLTES KÄSESANDWICH

Besonders lecker wird das Sandwich, wenn man verschiedene gute Käsesorten kombiniert, z. B. zwei Scheiben Cheddar und zwei Scheiben Munster oder Gruyère.

Zutaten

für 1 Portion

- *2 Scheiben Brot*
- *reichlich Butter*
- *Scheiben- oder Reibekäse*
- *Tomatenscheiben, Schinken …*

Kochutensilien

- *Pfanne*
- *Pfannenwender*

TIPP:

Zu einer anständigen Campingausstattung gehört eine Gusseisenpfanne. Sie verträgt große Hitze und ist fast unverwüstlich. Dicke Topfhandschuhe nicht vergessen!

1 Die gusseiserne Pfanne auf mittlere Hitze bringen. Zwei Scheiben Brot jeweils von einer Seite großzügig und gleichmäßig mit Butter bestreichen. Reichlich Butter ist wichtig, um goldbraunes, knuspriges Brot zu erhalten. Nach Belieben eine Prise Salz daraufstreuen.

2 Eine Scheibe mit der gebutterten Seite nach unten in der Pfanne so braten, dass die Butter leicht brutzelt.

3 Jetzt den Käse und andere Zutaten auf dem Brot verteilen, dabei darauf achten, dass das Sandwich nicht zu dick wird. Zuletzt die andere Scheibe mit der Butterseite oben auflegen. Das Sandwich mit dem Pfannenwender leicht zusammendrücken.

4 Wenn die Brotunterseite goldbraun ist, das Sandwich vorsichtig wenden und wieder etwas mit dem Pfannenwender zusammendrücken. Das Sandwich ist fertig, wenn es auf beiden Seiten goldbraun und der Käse geschmolzen ist.

BRATKARTOFFELN
MIT SPIEGELEI UND SPECK

Man bekommt Appetit, wenn man den ganzen Tag an der frischen Luft ist. Und was wäre da besser als dieser deftige Klassiker?

Zutaten

für 4 Portionen

- *500 g Frühkartoffeln*
- *kleine Zwiebel*
- *Frühstücksspeck in Streifen*
- *8 Eier*
- *etwas Olivenöl*
- *Salz*
- *Pfeffer*
- *Paprika edelsüß*

Kochutensilien

- *Pfanne*
- *Pfannenwender*
- *Messer*
- *Brettchen*

1 Die Kartoffeln gut säubern. Mit Schale je nach Größe ca. 15 Minuten in kochendem Wasser garen.

2 Pfanne auf starke Hitze bringen. Speck knusprig braten, herausnehmen und nach dem Abkühlen etwas zerkrümeln.

3 Die Zwiebeln fein würfeln und in die Pfanne mit dem Bratfett geben. Dann die halbierten oder ganzen Kartoffeln dazugeben, wenn nötig auch etwas Öl. Braten, bis die Kartoffeln goldbraun sind, diese dabei mit einer Gabel leicht zerdrücken.

4 Mit Salz, Pfeffer und, wenn gewünscht, Paprika würzen, zerkrümelten Bacon wieder dazugeben. Kartoffeln und Speck zur Seite schieben und die Eier nacheinander am Rand braten. Auch hier, wenn nötig, noch etwas Öl dazugeben.

HANSA

S'MORES

S'mores sind eine traditionelle amerikanische Süßigkeit. Der Name „S'mores" leitet sich von „some more" ab, was „etwas mehr" auf Englisch heißt. Das ist nicht verwunderlich, denn hat man einmal davon gekostet, will man immer mehr!

Zutaten

- *Marshmallows*
- *Schokolade, z. B. Zartbitter*
- *Butterkekse*

Kochutensilien

- *Grillgabeln oder saubere Äste*
- *Lagerfeuer bzw. Glut*

1 Schokolade in Stücke brechen und die Stücke jeweils auf einen Keks legen.

2 Marshmallows mithilfe eines sauberen Stocks oder Grillspießes in ca. 10–30 cm Abstand zur Glut von allen Seiten vorsichtig rösten. Wenn der Marshmallow gut gebräunt und weich ist, platziert man ihn möglichst schnell auf dem Keks mit der Schokolade und legt einen zweiten Keks darauf. Dann kann man den Grillspieß einfach herausziehen.

3 Die Kekse leicht zusammendrücken und zuerst ein paar Sekunden warten, damit die Hitze der Marshmallows die Schokolade leicht schmilzt. Es ist wichtig, kurz zu warten, damit man sich nicht den Mund verbrennt.

TIPP:

S'mores lassen sich in vielen Variationen zubereiten, probiere es doch auch mal mit Pfirsich- oder Bananenscheiben, Erdnussbutter oder Bacon!

DIY-CAMPING-VORLAGEN

Vorlagen am Kopierer auf 150 % vergrößern, wenn angegeben.
Schnittteile sind inklusive einer Nahtzugabe von 1 cm.

× stanzen

Stoffbruch

Passzeichen

Tipi

Zuschnittplan

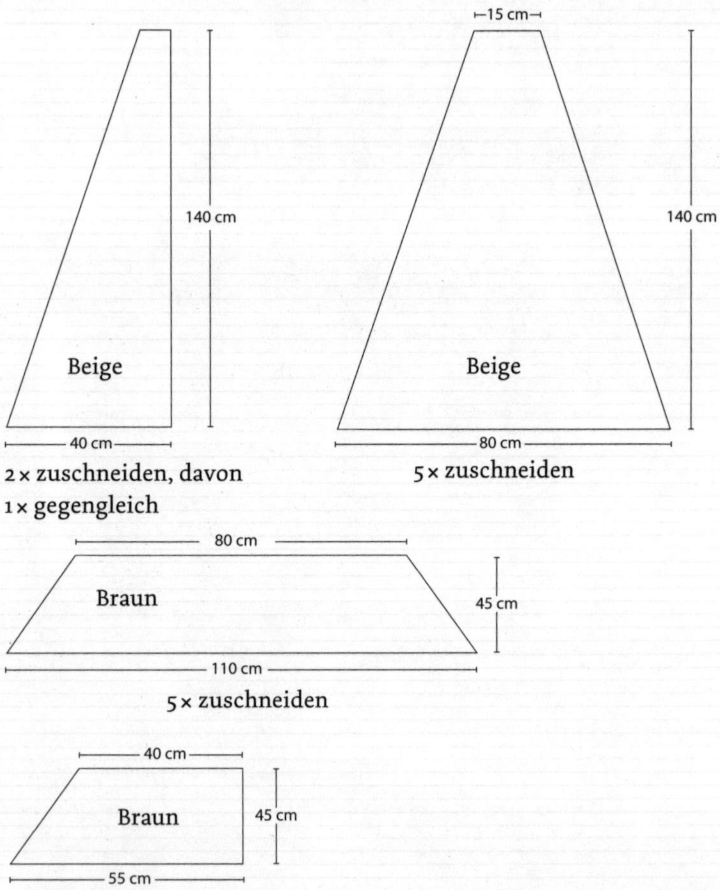

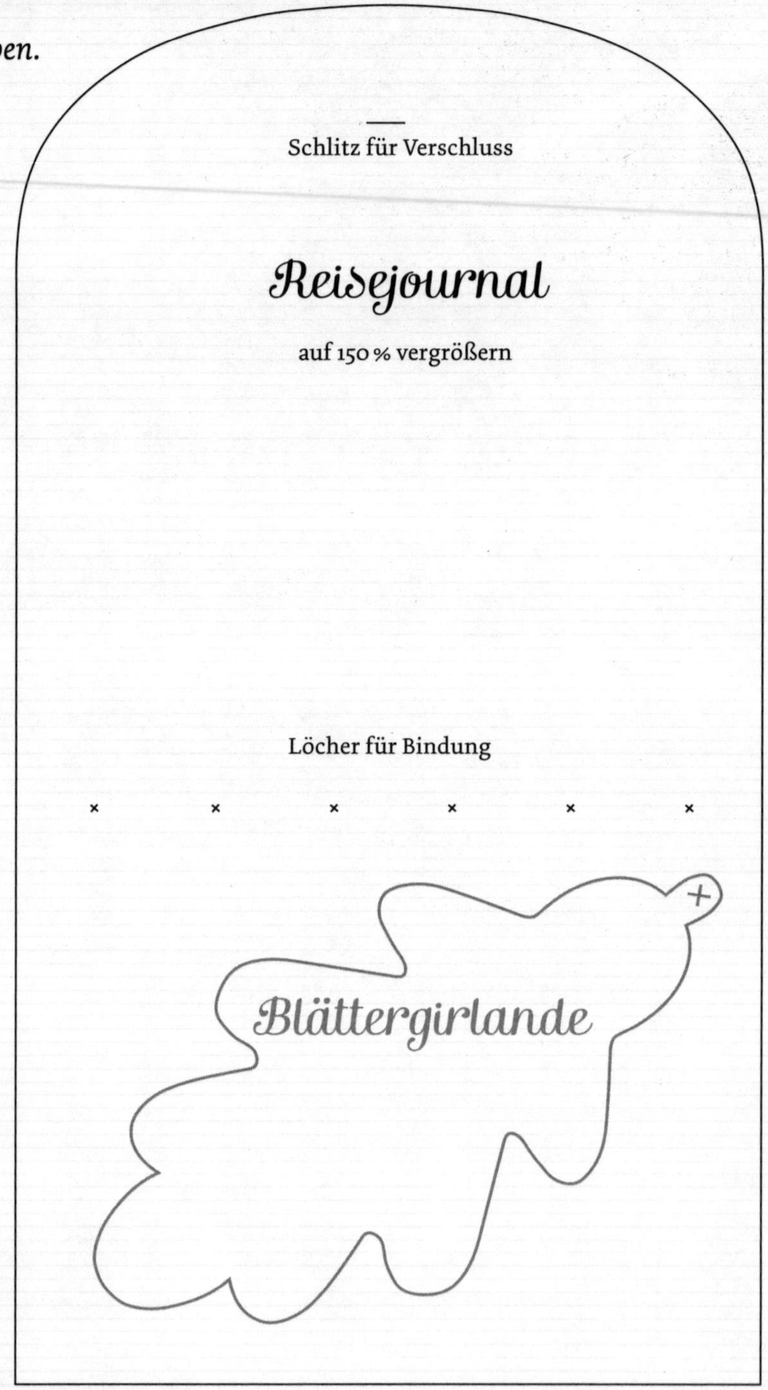

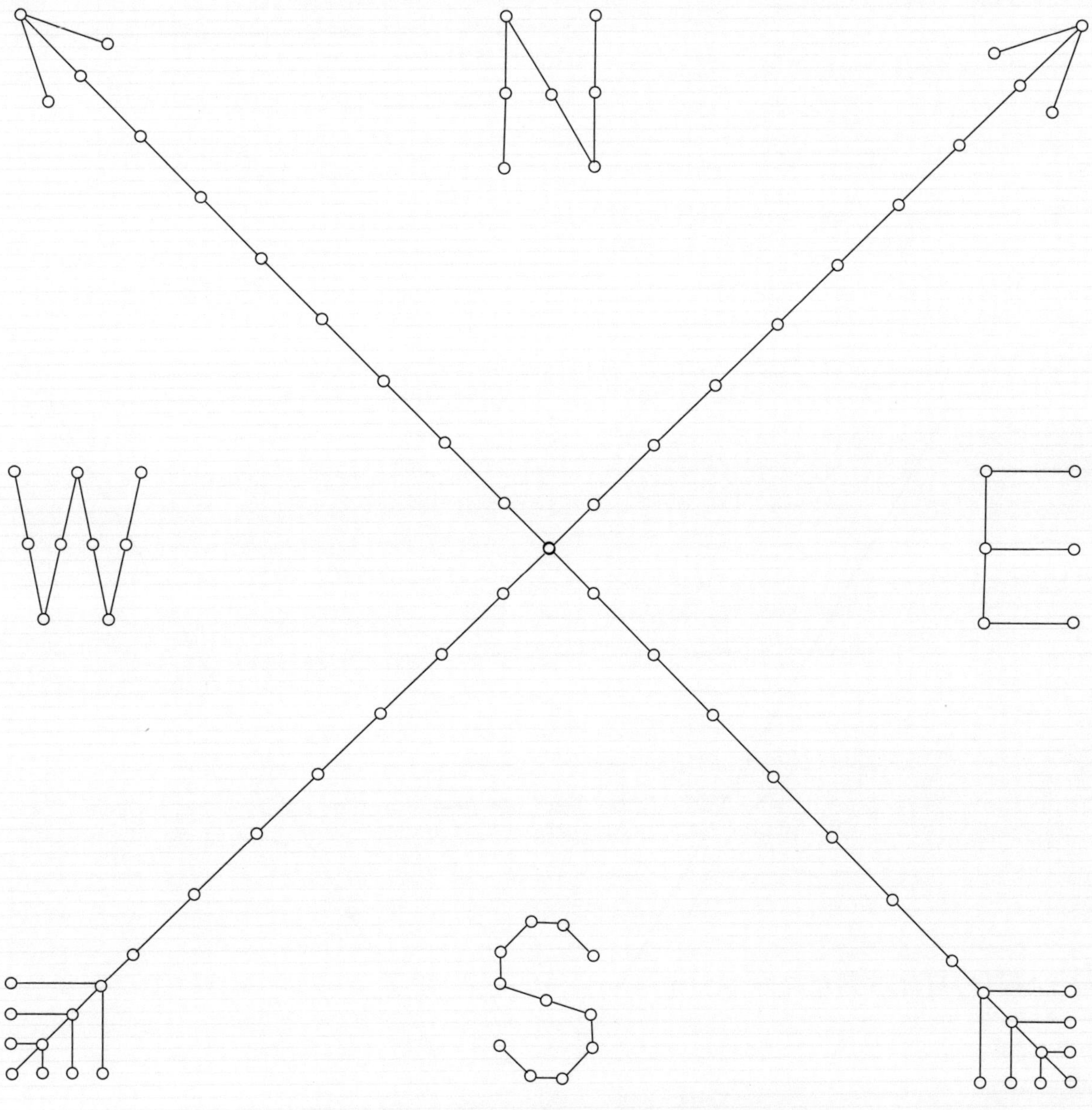

Sitzkissen aus Wachstuch

Stickvorlage

auf 150 % vergrößern

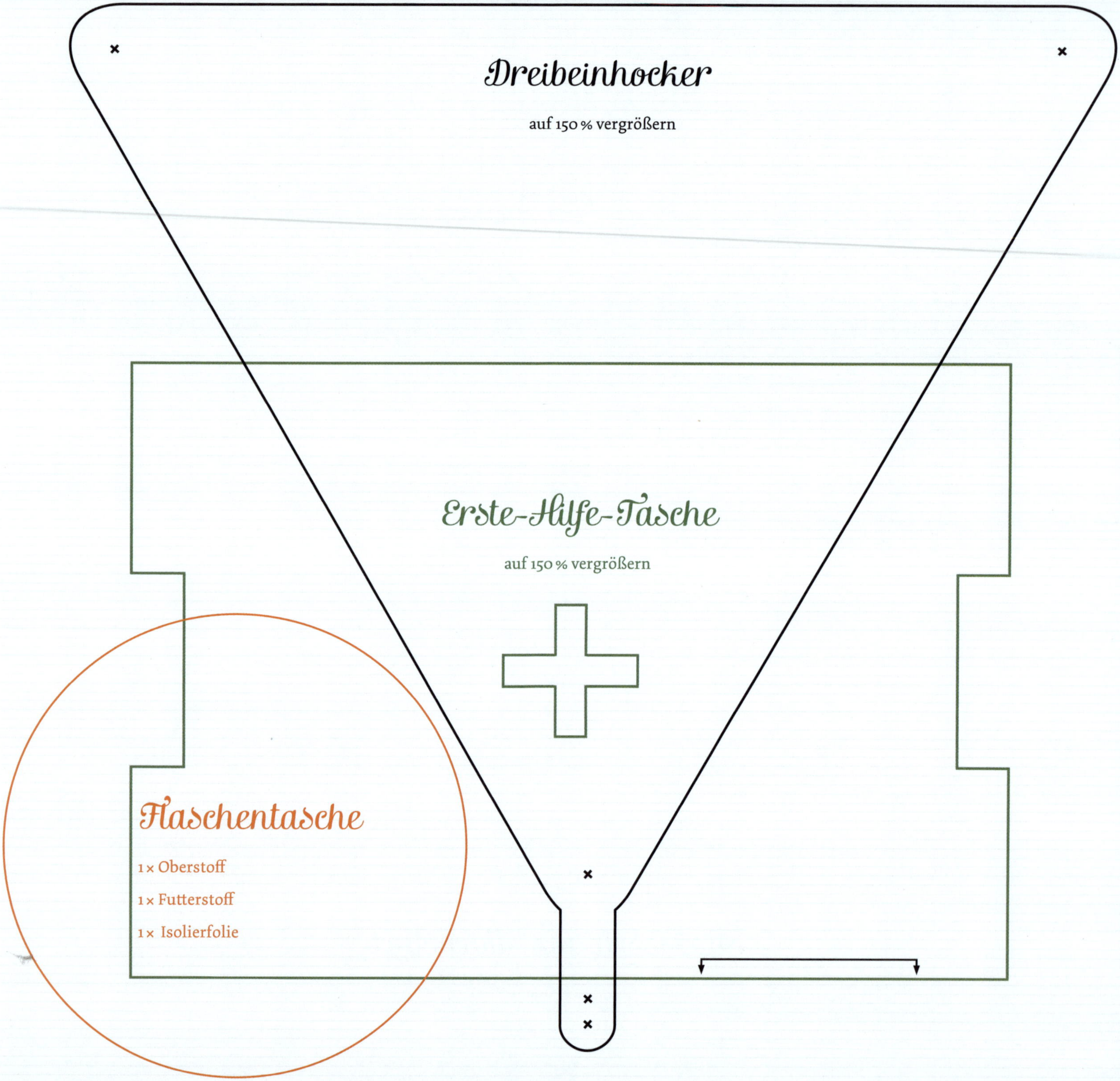
Dreibeinhocker
auf 150 % vergrößern
Erste-Hilfe-Tasche
auf 150 % vergrößern
Flaschentasche
1 × Oberstoff
1 × Futterstoff
1 × Isolierfolie

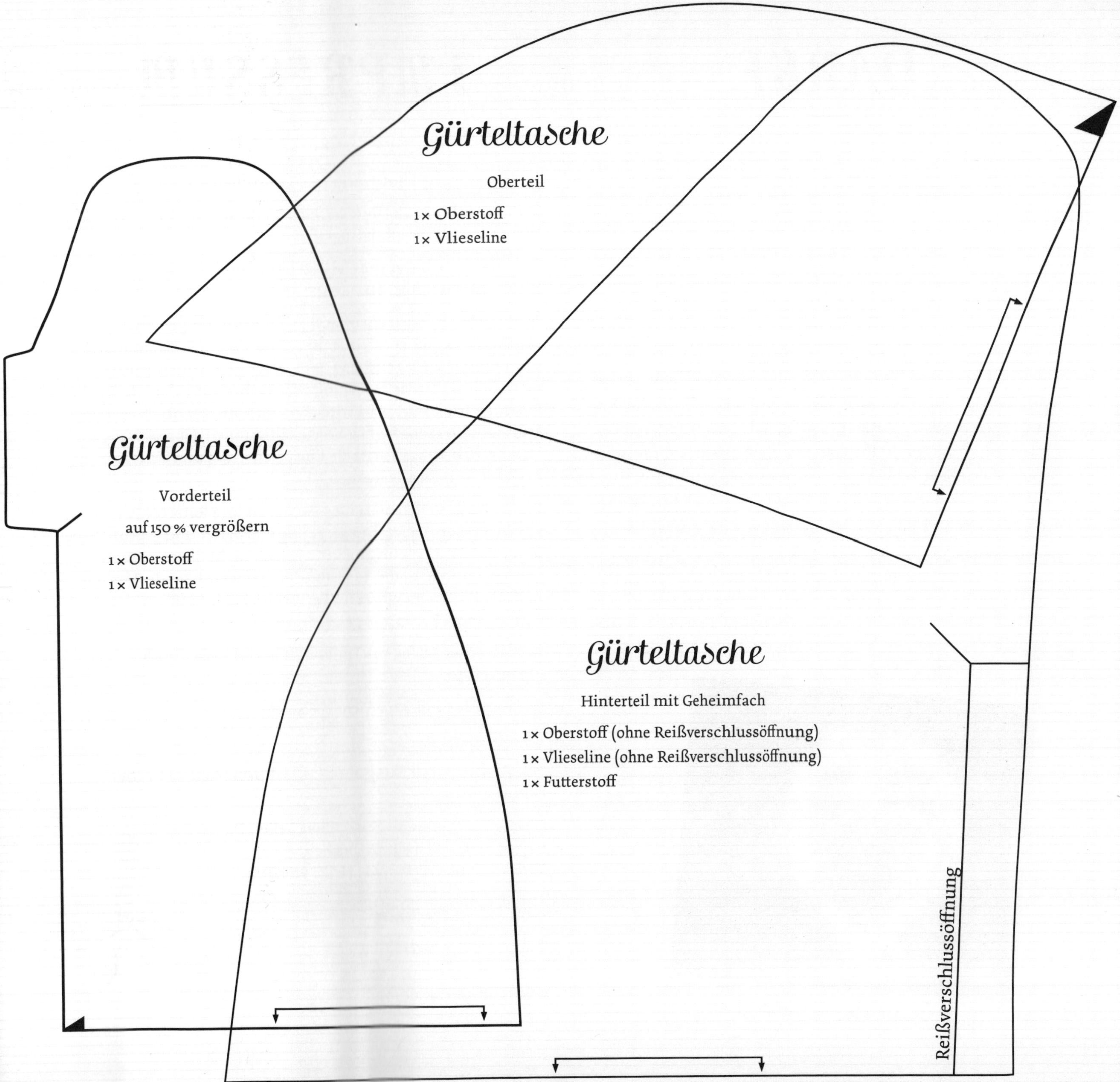
Gürteltasche
Oberteil
1 × Oberstoff
1 × Vlieseline
Gürteltasche
Vorderteil
auf 150 % vergrößern
1 × Oberstoff
1 × Vlieseline
Gürteltasche
Hinterteil mit Geheimfach
1 × Oberstoff (ohne Reißverschlussöffnung)
1 × Vlieseline (ohne Reißverschlussöffnung)
1 × Futterstoff
Reißverschlussöffnung

DANKE

Zuallererst möchte ich den Personen meinen tiefsten Dank aussprechen, die in den vergangenen Monaten mitgeholfen und mitgefiebert haben. Ihr habt einen wesentlichen Teil zu diesem Buch beigetragen. Ein extra großes Dankeschön möchte ich an alle nachfolgenden Personen richten – ohne euch könnte ich nicht machen, was mir täglich so viel Freude bereitet: Meiner Schwester Elsa, ohne die dieses Buch nicht zustande gekommen wäre und meinem Mister für die ausdauernde Hilfe. Meinen Eltern und Großeltern für ihre unermüdliche Unterstützung und ihr Vertrauen. Meinen lieben (Bulli-)Freunden und Helfern: Basti, Christoph, Paul, Koka, Alex, Hannes K., Hannes L., Tomsen, Rothi, Carsten. Dem Team von Edition Michael Fischer fürs Verlegen, Motivieren und die gute Zusammenarbeit. Den Menschen und Firmen, die mich großzügig mit Material und Nähzubehör unterstützt haben: fabfab GmbH, Snaply Nähkram, Sandra von Alltagsdesign. Und nicht zuletzt vielen Dank an alle, die mein kleines Label nähmarie als Stammkunde, Blogleser und Unterstützer begleiten!

Besucht mich auf blog.naehmarie.de!

IMPRE

Bibliografische Information der D

Die Deutsche Bibliothek verzeichn
deutschen Nationalbibliografie.

Detaillierte bibliografische Daten
http://www.d-nb.de/ abrufbar.

Ein Buch der Edition Michael Fisc

1. Auflage 2015

Covergestaltung und Satz: Silvia
Layout: Julia Romeiß, München
Redaktion und Lektorat: Heike Fr

ISBN 978-3-86355-324-1

Printed in Slovakia

www.emf-verlag.de